DK 336.2:336.1:321.019.5

FORSCHUNGSBERICHTE
DES LANDES NORDRHEIN-WESTFALEN

Herausgegeben durch das Kultusministerium

Nr. 877

Finanzwissenschaftliches Forschungsinstitut an der Universität Köln
Direktor: Prof. Dr. Günter Schmölders

Steuern und Staatsausgaben in der öffentlichen Meinung der Bundesrepublik

Als Manuskript gedruckt

WESTDEUTSCHER VERLAG / KÖLN UND OPLADEN

1960

ISBN 978-3-663-03739-2   ISBN 978-3-663-04928-9 (eBook)
DOI 10.1007/978-3-663-04928-9

Vorwort

In dem hiermit vorgelegten Forschungsbericht wird ein Teil der Ergebnisse vorläufig ausgewertet, die eine im Sommer 1958 vom Finanzwissenschaftlichen Forschungsinstitut zusammen mit dem EMNID-Institut (Bielefeld) und der Forschungsstelle für empirische Sozialökonomik (Köln) durchgeführte Umfrage erbracht hat. Dabei ist das Schwergewicht der Arbeit auf die Einstellungen und Meinungen der westdeutschen Bevölkerung zu den Staatsausgaben gelegt worden, weil hier das Material besonders reichhaltig ist und andererseits eben deswegen auch eine diffizile Auswertungsarbeit erforderte, an der das ganze Team des Finanzwissenschaftlichen Forschungsinstituts sich beteiligt hat.

Köln, im Februar 1960

                    Finanzwissenschaftliches Forschungsinstitut
                           an der Universität zu Köln

Gliederung

Einführung .... S. 7
    1. Finanzpolitik und öffentliche Meinung .... S. 7
    2. Zur Methode .... S. 8
    3. Zur Struktur des Samples .... S. 11

I. Die Staatsfinanzwirtschaftlichen Institutionen .... S. 14
    1. Kenntnis des Begriffs "Öffentlicher Haushalt" .... S. 14
    2. Entscheidung über den Haushaltsplan, Trennung
       von Bundes- und Länderhaushalt .... S. 15
    3. Interesse und Desinteresse an Fragen der
       staatlichen Finanzwirtschaft .... S. 18
    4. Bund, Länder und Gemeinden als Steuernehmer .... S. 23

II. Steuern .... S. 25
    1. Steuerbelastung und Belastungsgefühl .... S. 25
    2. Steuergerechtigkeit .... S. 31
    3. Steuermentalität .... S. 33

III. Staatsausgaben .... S. 36
    1. Größenordnung, Wichtigkeit und Aktualität
       staatlicher Ausgaben .... S. 38
    2. Die Verwendung der Steuergelder .... S. 41
    3. Die verschiedenen Sektoren der Ausgaben-
       wirtschaft des Staates: .... S. 47
       a) Sozialausgaben .... S. 47
       b) Kultur und Wissenschaft .... S. 56
       c) Straßenbau .... S. 60
       d) Personalausgaben und öffentliche Bauten .... S. 63
       e) Verteidigung .... S. 66
    4. Subventionen allgemein .... S. 70
    5. Der Grüne Plan .... S. 75

Einführung

1. Finanzpolitik und öffentliche Meinung

Im Laufe der letzten Jahre hat sich in den Kreisen der politischen Publizisten, der Soziologen und Staatsrechtler, der Politiker und Meinungsforscher eine recht lebhafte Diskussion darüber entwickelt, wie weit die Politik der öffentlichen Meinung folgen dürfe, oder, anders ausgedrückt, welche Art von "öffentlicher Meinung" die politischen Instanzen zu beachten und zu hören hätten, um einerseits ihrer verantwortungsvollen Aufgabe gerecht zu werden und ohne andererseits ihre Würde und Eigenständigkeit zu verlieren[1].

Definiert man die "öffentliche Meinung" im allgemeinsten Sinne, nämlich als die Verteilung von Meinungen zu einem bestimmten Problem in der Gesamtbevölkerung[2], so ist ohne weiteres einleuchtend, daß die Kenntnis dieser öffentlichen Meinung für den Politiker auch dann äußerst wertvoll ist, wenn er gar nicht daran denkt, nun ohne weiteres der Meinung der Majorität entsprechend zu handeln. Dies gilt besonders für solche Zweige der Politik, die auf die Mitwirkung der Bürger angewiesen sind, wenn sie ihr Ziel erreichen wollen, und dies ist vor allem bei der <u>Finanzpolitik</u> der Fall. Mehr als jeder andere Zweig der Politik hat diese es ständig mit <u>allen</u> Staatsbürgern zu tun, insofern sie von ihnen Steuern einhebt und als Gegenleistung bestimmte öffentliche Einrichtungen zur allgemeinen Benutzung zur Verfügung stellt bzw. in Form von Renten, Unterstützungen und Subventionen Transferzahlungen leistet. Selbst in diktatorial regierten Staaten kann die Politik zwar darüber hinweggehen, daß die Bevölkerung beispielsweise die Bündnispolitik oder die Praxis der Rechtspflege mißbilligt, aber sie kann nicht an starken Steuerwiderständen vorbeisehen, die in der Lage sind, die finanzielle Basis der Politik überhaupt einzuengen; erst recht gilt dies in der Demokratie, wo einerseits fiskalischen Zwangsmaßnahmen sehr enge Grenzen gesetzt sind und andererseits die Rücksicht auf zukünftige Wahlentscheidungen eine Rolle spielt. Und da jeder Staatsbürger Steuerzahler ist und sich sodann ein Urteil über bestimmte Staatsausgaben erlaubt, von denen er persönlich seinen Nutzen hat oder haben will, so ist er von der Finanzpolitik viel stärker "betroffen" als etwa von der Außenpolitik, die sich

---

1. Vgl. die sehr gute Übersicht über diese Diskussion in SCHMIDTCHEN, D., Die befragte Nation, Freiburg 1959
2. Vgl. HOFSTÄTTER, P.R., Die Psychologie der öffentlichen Meinung, Wien 1949

- jedenfalls zunächst - in einiger Entfernung von seinem privaten Bereich abspielt. Aus dem gleichen Grunde ist auch die der Gesetzgebung und Gesetzanwendung vorausgehende politische Willensbildung gerade in finanzpolitischen Fragen ein außerordentlich weitreichender Prozeß, an dem viel mehr Gruppen und Personen beteiligt sind als an anderen Vorgängen der politischen Willensbildung.

Insoweit nun die Finanzwissenschaft die Wissenschaft von der Finanzpolitik ist, gehören die Reaktionen der Staatsbürger auf die staatsfinanzwirtschaftliche Aktivität durchaus zu ihrem eigenständigen Objektbereich, und in der Tat "hat die Finanzwissenschaft den Kontakt mit dem Menschlich-Allzumenschlichen ... niemals verloren"[3]. Es leuchtet daher ein, daß die Finanzwissenschaft ein wenigstens so lebendiges Interesse wie der praktische Finanzpolitiker hat, die Einstellungen und Meinungen kennenzulernen, die sich in der "öffentlichen Meinung" hinsichtlich einzelner finanzwirtschaftlicher Tatbestände finden. Die einzige Methode, die die Finanzwissenschaft bisher verwandte, um die Reaktionen der Bürger auf die staatsfinanzwirtschaftliche Aktivität zu ermitteln, war die, von den historischen Fakten auszugehen und diese zu analysieren oder aber ihre Schlüsse auf Grund irgendwelcher Zufallsinformationen zu ziehen, wobei sie oft genug in den Fehler einer "introspektiven Psychologie" verfiel. Die empirische Sozialforschung, die in den letzten dreißig Jahren aufgeblüht ist, hat nun eine ganze Reihe neuartiger Methoden entwickelt, deren sich jetzt erstmalig auch die Finanzwissenschaft bedient.

2. Zur Methode

Zur Erforschung der öffentlichen Meinung über Fragen des Staatshaushaltes bietet sich heute vor allem die <u>Umfrageforschung</u> an. Diese Methode, mit Hilfe des Interviews die Meinung eines repräsentativen Bevölkerungsquerschnitts zu ermitteln, der in seinem Aufbau der Gesamtbevölkerung entspricht, wurde von der Soziologie und der kommerziellen Markt- und Meinungsforschung entwickelt; in der Öffentlichkeit verbinden sich damit meist Vorstellungen über die Arbeit des amerikanischen Gallup-Institutes. Der Modellcharakter des auf diese Weise zu befragenden Personenkreises macht es möglich, die gewonnenen Ergebnisse zu verallgemeinern und ihre Gültigkeit für die Gesamtbevölkerung anzunehmen.

---

3. SCHMÖLDERS, G., Finanzpolitik, Berlin-Göttingen-Heidelberg 1955, S. 5 f.

Zwar kann eine Totalerhebung zu größerer Genauigkeit und zu einer
größeren Verfeinerung in der Auswertung führen, aber sie wird immer
langdauernd und kostspielig sein. "Eine Stichprobenerhebung, die fachmännisch entworfen und durchgeführt wird, kann Ergebnisse zeitigen,
die für die beabsichtigten Zwecke hinreichend genau sind, und sie kann
viel Zeit und Geld sparen"[4].

Grundsätzlich bestehen zwei Möglichkeiten, aus einer Gesamtheit eine
verläßliche Stichprobe zu entnehmen, die eine Generalisierung erlaubt:
die Auswahl durch Zufall und die Auswahl mit Hilfe eines Quotensystems.
Bei der Zufallsauswahl (Random-Sample) muß für jede Einheit in der
Gesamtheit die gleiche Chance gegeben sein, in die Auswahl zu gelangen[5].
Ist dieses Random-Sample eine "kontrollierte Stichprobenerhebung mit
dem Ziel, einen Querschnitt der betreffenden Gesamtheit mit 'Modellcharakter', also von 'repräsentativem' Charakter zu erhalten"[6], so
wird die Repräsentation der zur Auswahl gelangten Einheiten in bezug
auf die Gesamtheit beim Quotensample dadurch gewährleistet, daß unter
Rückgriff auf bereits vorhandenes Material (z.B. der amtlichen Statistik: Geschlecht, Alter, Konfession, Berufsstellung, Schulbildung usw.)
Quoten festgesetzt werden, die eine Proportionalität gewährleisten und
den Interviewern bei der Auswahl des zu befragenden Personenkreises als
Hilfe dienen.

Die hier behandelte Untersuchung wurde vom Finanzwissenschaftlichen
Forschungsinstitut Köln zusammen mit der Forschungsstelle für empir.
Sozialökonomik und dem EMNID-Institut Bielefeld auf der Grundlage des
Quotensamples durchgeführt. Da den Interviewern im Rahmen der festgesetzten Quoten freie Hand gelassen wird, ist die Wahrscheinlichkeitsrechnung nicht anwendbar, die Genauigkeit der Ergebnisse mathematisch
also nicht berechenbar[7].

Bei dieser Art der Auslese kommt es daher entscheidend auf die Art und
Vollständigkeit der Merkmale an, die mit dem Gegenstand der Befragung
in Zusammenhang stehen. Sie setzt also immer Kenntnisse über den Untersuchungsgegenstand voraus.

---

4. ALLEN, R.G.D., Statistik für Volkswirte, Tübingen 1957, S. 5
5. PARTEN, M., Grundformen und Probleme des Samples in der Sozialforschung, in: KÖNIG, R., Das Interview, Praktische Sozialforschung I, Köln 1957, S. 183
6. KÖNIG, R., Das Interview, a.a.O., S. 30
7. KELLERER, H., Das Stichprobenverfahren, insbesondere in der amtlichen Statistik, in: Allgemeines Statistisches Archiv, 34. Bd. (1950), S. 291 f.

Jede Befragung wird begrenzt "durch die Abhängigkeit von dem, was der Befragte mitteilen kann und will, d.h. sie muß die Ausdrucksfähigkeit des Befragten berücksichtigen und bei der Analyse bedenken, daß der Befragte über wesentliche Bereiche, zumal unbewußte, keine unmittelbare Auskunft geben kann"[8]. Das gilt z.B. für Fragen des Belastungsgefühls durch Steuern, die in den Preisen entrichtet werden. Die Meinungsforschung droht so einer petitio principii zum Opfer zu fallen, d.h. sie läuft Gefahr, das, dessen Existenz problematisch ist, als selbstverständlich vorauszusetzen[9]. Was dem Autor einer Frage als ein wesentliches Sozialproblem erscheint, bekümmert oft einen Großteil der Bevölkerung nicht oder nur in geringem Maße[10]. Auf diese Problematik, ebenso wie auf den Zusammenhang von Meinung und tatsächlichem Verhalten, kann hier nur hingewiesen werden. Allgemein kann dazu ausgeführt werden, daß der Bereich der Freizügigkeit bezüglich des privaten Denkens am weitesten ausgedehnt ist, daß seine Grenzen hinsichtlich der öffentlichen Äußerung von Meinungen enger und in Anbetracht des tatsächlichen Verhaltens am engsten gezogen sind[11]. Das Verhältnis zwischen der Meinung über die Steuerhinterziehung und dem tatsächlichen Verhalten macht diese Problematik deutlich.

Daß das Maß des Wissens über staatsfinanzwirtschaftliche Vorgänge und Tatbestände in der Bevölkerung groß ist, kann angesichts einer Entwicklung, die schon auf der politischen Ebene die Sachverständigkeit von den Parlamenten auf die Bürokratie übergehen läßt, nicht erwartet werden[12]. Andererseits handelt es sich aber um einen Gegenstandsbereich, mit dem breiteste Bevölkerungsgruppen in Berührung kommen, sei es als Steuerzahler oder als Empfänger von Staatsleistungen, und dessen Inhalte ständig in den Kommunikationsprozeß eingehen (83 % der deutschen Bevölkerung lesen regelmäßig oder gelegentlich eine Tageszeitung).

Die Meinungsforschung hat sich überdies mit der Erscheinung auseinanderzusetzen, daß den Antworten "Stereotyp-Charakter" anhaftet, d.h. die Stellungnahmen ihrerseits dem Schatz der öffentlichen Meinung entlehnt sind[13] und rein mechanisch kommen, wenn eine entsprechende Frage an

---

8. Institut für Sozialforschung, Frankfurt/M., Artikel "Sozialforschung, empirische", in: Handwörterbuch der Sozialwissenschaft, Bd. 9, 1956, S. 422
9. KÖNIG, R., Das Interview, a.a.O., S. 21
10. HOFSTÄTTER, P.R., Sozialpsychologie, a.a.O., S. 170
11. HOFSTÄTTER, P.R., Sozialpsychologie, a.a.O., S. 153
12. SCHMÖLDERS, G., Finanzpolitik, a.a.O., S. 75 ff.
13. HOFSTÄTTER, P.R., Die Psychologie der öffentlichen Meinung, Wien 1949, S. 9

den einzelnen herantritt; dies stellt der Meinungsforschung besondere Aufgaben, die durch Zusatz- und Kontrollfragen den Wert der Antworten eingrenzen muß.

Eine Befragung, die verläßliche Ergebnisse zu Tage fördern soll, darf - neben der Beachtung vieler anderer Details - vor allem auch das Abstraktionsvermögen der Befragten nicht überfordern. Die Ergebnisse können verzerrt sein, wenn die sprachliche Verständigung leidet. So gilt die wichtige Arbeitsthese, "die Fragen nicht um der Logik und Sprachpflege, sondern um des Verständnisses willen zu formulieren"[14].

Für die Beurteilung der Ergebnisse von Meinungsumfragen bieten die Anteile der Ja- und Nein-Stimmen und der Unentschiedenen eine erste Hilfe[15]:

a) Die ja- oder Neinstimmen betragen 100 %:
die Frage berührt eine Selbstverständlichkeit und liegt somit außerhalb des Spielraumes individueller Entscheidungen. Die staatlichen Sozialausgaben unterliegen z.B. nahezu dieser Einschätzung.

b) Der Anteil der Unentschiedenen (weiß nicht, keine Angaben) ist groß. Die Frage ist unaktuell.

c) Der Anteil der Unentschiedenen ist gering im Verhältnis der Ja- und Nein-Stimmen. Derartige Fragen zeigen eine große Aktualität.

3. Die Struktur des Samples

Der Untersuchung liegen 1986 Interviews zugrunde, die während der Monate Juli/August 1958 in 317 Befragungsbezirken durchgeführt wurden. Die Stichprobe ist repräsentativ für die Grundgesamtheit der rd. 39 Millionen im Bundesgebiet (außer Land Saar) wohnenden Personen im Alter von 16 und mehr Jahren.

Die Befragungsbezirke wurden entsprechend der regionalen Struktur der Bevölkerung in bezug auf Ländergebiete und Gemeindegrößenklassen bestimmt. Bei der Auswahl der Befragten waren die Interviewer an Vorschriften in bezug auf das Geschlecht, das Alter und die Berufsgruppen der Befragten gebunden. Neben diesen Quotenvorschriften hatten die

---

14. WICKERT, G., Deutsche Praxis der Markt- und Meinungsforschung, Tübingen 1953, S. 34
15. HOFSTÄTTER, P.R., Sozialpsychologie, a.a.O., S. 162 f.

Interviewer weitere Richtlinien zu beachten, die eventuelle mit dem Quotenverfahren verbundene Fehlerquellen ausschließen.

Zur Beurteilung der Untersuchungsergebnisse werden hier die wesentlichsten Daten des Samples mitgeteilt:

	Struktur der Stichprobe der vorliegenden Untersuchung [%]	Vergleichszahlen berechnet nach Daten der amtl. Statistik [%]
Männer	49	46
Frauen	51	54
Länder		
Schleswig-Holstein	5	4
Hamburg	3	4
Niedersachsen	13	13
Nordrhein-Westfalen	29	30
Bremen	2	1
Hessen	8	9
Bayern	19	18
Baden-Württemberg	13	14
Rheinland-Pfalz	8	7
Wohnortsgrößen		
Unter 2 000 Einw.	24	25
2 000 b.u. 10 000 Einw.	20	21
10 000 b.u. 100 000 Einw.	26	23
100 000 und mehr Einw.	30	31
Altersschichten		
16 bis unter 25 Jahre	18	19
25 bis unter 30 Jahre	8	9
30 bis unter 50 Jahre	38	35
50 bis unter 65 Jahre	24	24
65 und mehr Jahre	11	13
keine Angaben	1	-

	Struktur der Stichprobe der vorliegenden Untersuchung [%]	Vergleichszahlen berechnet nach Daten der amtl. Statistik [%]
Schulbildung		
Volksschule	79	
Mittlere Reife	15	
Abitur	4	
Abgeschlossene Hochschulbildung	1	keine Vergleichsmöglichkeiten
keine Angaben	1	
Berufsgruppen		
Arbeiter	39	39
Angestellte	13	10
Beamte	8	8
Selbständige	12	11
Landwirte	9	11
Landarbeiter	2	3
Rentner	17	18
Familieneinkommen (monatl. netto)		
unter DM 260,--	12	
DM 260,-- b.u. DM 390,--	22	
DM 390,-- b.u. DM 600,--	32	keine Vergleichsmöglichkeiten
DM 600,-- b.er mehr	21	
keine Angaben	13	
Familienstand		
Ledig	24	
Verheiratet	63	keine Vergleichsmöglichkeiten
Verheiratet gewesen	13	
keine Angaben	0	
Haushaltsgröße		
1 Person	14	
2 Personen	23	
3 Personen	23	keine Vergleichsmöglichkeiten
4 Personen	23	
5 und mehr Personen	17	

I. Die Staatsfinanzwirtschaftlichen Institutionen

1. Kenntnis des Begriffes "öffentlicher Haushalt"

Man wird bei einer Frage nach dem Begriff des öffentlichen Haushalts ("Frage: Würden Sie mir bitte sagen, was Sie unter einem 'Öffentlichen Haushalt' verstehen?") nicht mit festumrissenen Definitionen rechnen können. Immerhin verbindet der größere Teil der Befragten mit diesem Wort mehr oder weniger zutreffende Vorstellungen: der Sachverhalt ist der öffentlichen Meinung nicht grundsätzlich fremd. 73 % der Befragten machten Angaben. Da Antwortmöglichkeiten nicht vorgegeben waren, ergab sich ein vielgestaltiges Bild von Vorstellungen, die sich nach folgenden Stichworten klassifizieren lassen:

	Insgesamt [%]	Männer [%]	Frauen [%]	Schulbildung		
				Volksschule [%]	Mittelschule [%]	Abitur Hochschule [%]
Haushaltsplan, Haushalt	22	27	17	21	28	32
Einnahmen und Ausgaben	17	22	12	14	22	31
Verwaltung und Planung	10	10	9	8	14	11
Ausgaben	7	8	7	8	7	5
Vermögensmasse, Staatskasse	7	8	7	8	5	7
Staat als Familie	2	2	2	2	3	1
Einnahmen	2	2	2	2	1	-
Körperschaften	2	2	2	2	2	-
Sonstiges	4	3	4	4	5	1
Angaben	73	84	62	69	87	91
keine Angaben	27	16	38	31	13	9

Deutlich wird das Ergebnis modifiziert, wenn man die Antworten nach dem Merkmal "Zeitungslektüre" gruppiert. Befragte, die regelmäßig Zeitung lesen, machten mit 83 % Angaben, Nicht-Zeitungsleser nur mit 45 %. Der Anteil der richtigen Antworten ist bei denjenigen, die regelmäßig Zeitung lesen, am größten. Dieses Ergebnis erweist die Bedeutung der Presse als Kommunikationsmittel auch auf dem Sektor der Staatsfinanzen. Es wird später noch auf Sachverhalte hinzuweisen sein, bei denen eine Interdependenz von Kenntnis und Zustimmung vorliegt.

Die Abhängigkeit des Wissens von der Information durch Zeitungen, insbesondere durch deren regelmäßige Lektüre, zeigt die folgende Tabelle:

	Befragte, die Zeitungen		
	regelmäßig lesen [%]	gelegentlich lesen [%]	nicht lesen [%]
Es machten Angaben	83	68	45
Es machten keine Angaben	17	32	55
	100	100	100

Tageszeitungen werden von 57 % regelmäßig, von 26 % gelegentlich gelesen:

	Insgesamt [%]	Männer [%]	Frauen [%]
regelmäßig	57	69	47
gelegentlich	26	21	31
keine Tageszeitung	26	10	21
keine Angaben	1	-	1
	100	100	100

2. <u>Die Entscheidung über den Haushaltsplan, Trennung von Bundes- und Länderhaushalt</u>

Über das den Haushaltsplan des Bundes verabschiedende Organ zeigte sich ein Drittel der Befragten informiert. Ein weiterer großer Anteil (insges. 34 %) hingegen nimmt an, daß dies die Aufgabe der Regierung, der Bürokratie allgemein oder einzelner Personen (Finanzminister) sei. Das Bewußtsein, daß die gewählten Abgeordneten dieses Recht ausüben, ist nur unzureichend verbreitet.

	Insgesamt [%]	Männer [%]	Frauen [%]
Staatsorgan			
<u>Bundestag</u> (Bundestag/Parlament/ die Abgeordneten/die in Bonn/Bundestag in öffentl. Sitzung	33	42	24
<u>Finanzministerium</u> Bundesfinanzminister/ der Finanzminister mit Regierung/Finanzministerium/Haushaltsminister/ Etzel/Schäffer	19	19	19
<u>Regierung, Minister</u> Bundesregierung/Minister/ Regierungspartei/Kabinett/der Bund/der Staat	15	14	16
<u>Bundesrat</u> Bundesrat, der gesamte Bundesrat/Regierungshof	4	5	3
<u>Bundestag und Bundesrat</u> Bundestag und Bundesrat gemeinsam	4	5	3
<u>Bundestagsausschüsse</u> Bundestagsausschuß/ die einzelnen Ausschüsse/Haushaltsausschuß/ Finanzausschuß	1	1	1
<u>Sonstiges</u> Landtag/die Länder/ Bundespräsident/Wirtschaftsministerium/ Wirtschaftsminister/ Bundeskanzler/die Opposition/Heuss/Erhard/ Adenauer	6	6	6
Es machten Angaben	81	90	72
Es machten keine Angaben	19	10	28
Mehrfachnennungen	100	100	100

Das Maß der richtigen Informiertheit korreliert u.a. mit der Schulbildung; es zeigt sich aber, daß die Befragten mit Abitur und Hochschulbildung nur zu 56 % richtig informiert sind:

Über den Haushaltsplan beschließt der	Volksschule [%]	Mittelschule [%]	Abitur, Hochschule [%]
Bundestag	28	48	56

Zeitungsleser sind (mit 39 %) besser informiert als diejenigen Befragten, die Zeitungen nicht (18 %) oder nur gelegentlich (28 %) lesen.

Nach Berufen aufgeschlüsselt, verteilen sich die richtigen Antworten wie folgt (nur Männer):

    Arbeiter   36 %
    Angestellte   41 %
    Beamte   48 %
    Selbständige 48 %
    Landwirte   31 %
    Rentner   38 %

Als bestinformiert erweisen sich die Beamten und die Selbständigen, die geringsten Kenntnisse über das beschlußfassende Organ sind bei den Landwirten gegeben. Als Besonderheit fällt auf, daß auch die Beamten nur zur Hälfte richtig informiert sind.

Eine mit der Schulbildung vergleichbare Korrelation besteht zwischen Informiertheit und soziler Schicht[16]. Interessant ist dabei, daß die Blicke der untersten Schicht und des kleinen Mittelstandes auf die Bürokratie fixiert sind, die anderen Schichten dagegen der Vermutung für eine parlamentarische Instanz, auch wenn nicht der Bundestag genannt wird, Ausdruck geben:

---

16. Die Einordnung des Befragten in das angegebene Schema sozialer Schichten mußte durch den jeweiligen Interviewer vorgenommen werden und ist daher von begrenzter Subjektivität. Eine relativ einheitliche Einstufung kann aber deshalb angenommen werden, da diese von Wertgesichtspunkten abhängig ist und diejenigen Personen, die sich als Interviewer zur Verfügung stellen, erfahrungsgemäß der gleichen sozialen Schicht angehören.

Bundeshaushalt wird verabschiedet von	Oberste Schicht [%]	Gehobener Mittelstand [%]	Mittelstand [%]	Kleiner Mittelstand [%]	Untere Schicht [%]
Bundestag	40	50	44	35	27
Finanzministerium	10	26	22	24	28
Regierung, Ministerium	10	8	13	26	30
Bundesrat	30	4	7	4	3
Bundestag und Bundesrat	10	5	6	3	2
Bundestagsausschüsse	-	1	-	-	2
Sonstiges	-	6	8	8	8

Die Vielgestaltigkeit der Antworten orientiert sich jedoch an Kräften, die sämtlich am Zustandekommen des Haushalts beteiligt sind. Insofern spiegelt die öffentliche Meinung die Entmachtung des Parlaments in Fragen der Etatgestaltung wider.

Die finanzwirtschaftliche Eigenständigkeit der Länder ist der öffentlichen Meinung in breiterem Maße bewußt. 69 % der Befragten sind darüber informiert, daß die Länder einen eigenen Haushalt führen:

	Insgesamt [%]	Männer [%]	Frauen [%]
Länder haben eigenen Haushalt	69	80	59
Bundeshaushalt gilt auch für die Länder	17	13	21
Keine Angaben	14	7	20
	100	100	100

3. <u>Interesse und Desinteresse an Fragen der staatlichen Finanzwirtschaft</u>

Unter den Gesichtspunkten der Öffentlichkeit des Staatshaushalts und finanzpädagogischer Bemühungen muß einer Analyse der Gründe des Interesses und Desinteresses am Staatshaushalt besonderes Gewicht beigelegt werden. "Reale" Öffentlichkeit der Staatsfinanzen ist (auch wenn man die erforderlichen Maßnahmen staatlicherseits voraussetzt) nur dann erreichbar, wenn diese "diejenige Aufmerksamkeit seitens der Volksvertreter und breiter Kreise der Öffentlichkeit finden, die bei echter Demokratie eigentlich selbstverständlich sein sollte"[17].

Die hier zugrundeliegende Untersuchung hat die Frage nach dem Interesse bzw. Desinteresse am Staatshaushalt gestellt. Dabei zeigt sich, daß diese Problematik nach Ansicht der Befragten zu einem großen Teil mit dem Ausmaß des allgemeinen politischen Interesses schlechthin zusammenfällt (eine Antwort, die von der Frage her freilich nahelag): dieses bringe den Bürger den Fragen der Staatsfinanzen näher, Interesselosigkeit lasse sie ihm gleichgültig erscheinen. Soweit es sich tatsächlich um diese Ursache handelt, werden Fragen der allgemeinen staatspolitischen Erziehung berührt, die sich im Rahmen unserer Darstellung nicht beantworten lassen.

Desinteresse wird von den Befragten weiter durch Unkenntnis erklärt (Beispiele für Antworten: "mangelnde Unterrichtung"; "weil er davon nichts versteht"; "weil viele sich nichts darunter vorstellen können"; "weil man das nicht begreift"; "ist geistig zu hoch für den einfachen Menschen"); hier scheint eine gewisse Bereitwilligkeit zur Auseinandersetzung mit diesen Problemen sich zu zeigen.

(Frage: "Worauf ist es nach ihrer Meinung zurückzuführen, wenn jemand am Haushaltsplan des Bundes völlig uninteressiert ist?")

Diese Beurteilung der möglichen Gründe für das Desinteresse ist unabhängig von Berufsstand und Bildungsgrad: die verschiedenen Gründe werden von allen Befragten ungefähr einheitlich beurteilt. Die Gruppe derjenigen Befragten, die mangelndes politisches Interesse auch als Ursache für das Desinteresse am Haushaltsplan ansieht, zeigt (mit 71 %) die relativ positivste Staatseinstellung. Daraus erhellt nochmals die Bedeutung des allgemeinen politischen Bewußtseins auch für Fragen der Finanzpublizität.

---

17. NEUMARK, F., Theorie und Praxis der Budgetgestaltung, a.a.O., S. 594

Gründe für das Desinteresse	Insgesamt [%]	Männer [%]	Frauen [%]
Politische Interessenlosigkeit	28	33	23
Unkenntnis	22	22	22
Zeitmangel	3	2	4
Erwartet nichts vom Haushaltsplan	3	3	3
Besitzlosigkeit, kein Steuerzahler	3	4	2
Eigene Sorgen herrschen vor	2	2	2
Genügend Geld zur Verfügung	2	2	1
Sonstiges	1	1	1
Es machten Angaben	64	69	58
Es machten keine Angaben	36	31	42
	100	100	100

Richten sich die vorstehend genannten Fragen auf die wahrscheinlich vorherrschenden Gründe für das Desinteresse am Haushaltsplan, so sollte eine weitere Frage die eigene Einstellung der Befragten unmittelbar erweisen. Auch hierbei, so ergab die Untersuchung, stehen Unkenntnis und allgemeines politisches Desinteresse im Vordergrund. Die meisten Befragten stimmten der Formel "da kann man ja doch nichts daran machen" zu.

Frage: "In einer früheren Umfrage wurden die folgenden Gründe für mangelndes Interesse am Haushaltsplan des Bundes genannt. Mit welcher Ansicht stimmen Sie am meisten überein"?

	Insgesamt [%]	Männer [%]	Frauen [%]
Da kann man ja doch nichts daran machen	29	31	28
Das ist mir alles zu hoch, ich verstehe doch nichts davon	22	14	29
Man sollte sich eigentlich mehr für so etwas interessieren, aber ich habe zu wenig Zeit	23	28	18

	Insgesamt [%]	Männer [%]	Frauen [%]
Da man sich nicht um alles kümmern kann, interessiere ich mich nur für politische Maßnahmen, die mich angehen, und damit Schluß	9	12	6
Politik interessiert mich überhaupt nicht, ich habe andere Interessengebiete	11	9	13
Keine Angaben	6	6	6
	100	100	100

Der Fatalismus, den die Formulierung "da kann man nichts machen" zum Ausdruck bringt, ist nicht altersspezifisch. Diese Auffassung ist bei allen Altersschichten in ungefähr gleicher Verteilung anzutreffen. Die Analyse nach dem Merkmal des Berufes zeigt, daß diese Haltung am relativ häufigsten bei der Arbeiterschaft auftritt: 32 % der Arbeiter und Landarbeiter sind der Ansicht, daß "man daran ja doch nichts machen könne"; hingegen teilt nur ein Viertel der Beamten diese Meinung:

	Arb.u. Landarb. [%]	Angestellte [%]	Beamte [%]	Selbständige [%]	Landwirte [%]	Rentner [%]
Da kann man ja doch nichts machen	32	28	24	28	26	30
Das ist mir alles zu hoch, ich verstehe doch nichts davon	23	13	11	11	26	36
Man sollte sich eigentlich mehr für so etwas interessieren, aber ich habe zu wenig Zeit	18	34	36	34	22	11
Da man sich nicht um alles kümmern kann, interessiere ich mich nur für politische Maßnahmen, die mich angehen, und damit Schluß	8	12	15	10	10	7
Politik interessiert mich überhaupt nicht, ich habe andere Interessengebiete	14	9	7	11	10	9
Keine Angaben	5	4	7	6	6	7
	100	100	100	100	100	100

Ein Vergleich der Befragungsergebnisse über die eigene Meinung mit der allgemeinen Beurteilung der Gründe des Desinteresses in der öffentlichen Meinung zeigt eine weitgehende Übereinstimmung. Eigene Meinung und das Urteil über die möglichen Gründe des Desinteresses bei anderen Personen stimmen in weitem Maße überein. Insbesondere decken sich beide Urteile in bezug auf politisches Desinteresse und Unkenntnis:

	Politische Interesselosigkeit	Unkenntnis	Zeitmangel	Erwarte nichts vom Haushaltsplan	Besitzlosigkeit, kein Steuerzahler	Eigene Sorgen herrschen vor	Genügend Geld zur Verfügung	Sonstiges	Sa.
Da kann man ja doch nichts daran machen	47	30	5	8	5	3	2	-	100
Das ist mir alles zu hoch, ich verstehe doch nichts davon	33	52	8	1	2	1	2	1	100
Man sollte sich eigentlich mehr für so etwas interessieren, aber ich habe zu wenig Zeit	46	32	5	4	6	2	4	1	100
Da man sich nicht um alles kümmern kann, interessiere ich mich nur für politische Maßnahmen, die mich angehen, und damit Schluß	49	26	4	7	7	4	1	1	100
Politik interessiert mich überhaupt nicht, ich habe andere Interessengebiete	48	26	4	5	3	6	5	3	100

Das Interesse am Haushaltsplan

Bei der Frage nach den Gründen für das Interesse am Haushaltsplan des Bundes (Frage: "Worauf ist es nach Ihrer Meinung zurückzuführen, wenn jemand am Haushaltsplan des Bundes in hohem Maße interessiert ist?") wurden an erster Stelle erwartete Vorteile angegeben, erst in zweiter Linie politisches Interesse. Kenntnis über den Gegenstand als Ursache des Interesses wird hier dagegen nur gering bewertet:

	Insgesamt [%]	Männer [%]	Frauen [%]
Politisches Interesse	22	24	20
Erwartet Vorteile	22	24	20
Politiker	9	9	9
Steuerzahler	6	8	4
Orientierung über Verwendung der Steuern	5	6	5
Kenntnisse	5	6	4
Zeit	2	2	2
will mitreden	1	1	-
Sonstiges	1	1	-
Es machten Angaben	71	79	63
Es machten keine Angaben	29	21	37
	100	100	100

4. Bund, Länder und Gemeinden als Steuernehmer

Jeder Bürger ist zugleich Gemeindebürger, und die Aktivität der öffentlichen Hand tritt ihm alltäglich und in den sinnfälligsten Formen in Gestalt der Gemeinde entgegen. Vielleicht ist es dieses Maß der Anschaulichkeit, auf Grund dessen 59 % der Befragten - hätten sie die Wahl - ihre Steuern nicht an den Bund oder die Länder, sondern an die Gemeinde zahlen würden (Frage: "Wenn Sie die Wahl hätten, Ihre Steuern an die Gemeinde, an das Land oder an den Bund zu zahlen, wem würden Sie Ihre Steuern lieber geben, der Gemeinde, dem Land oder dem Bund?"):

	Gemeinde [%]	Land [%]	Bund [%]	Keine Angaben [%]
Insgesamt	59	14	17	10
Männer	60	14	19	7
Frauen	57	14	15	14

Obwohl die finanzwirtschaftliche Eigenständigkeit der Länder der öffentlichen Meinung bewußt ist[18], ist die Bereitschaft, die Länder als Steuernehmer zu akzeptieren, gering: nur der geringste Teil der Befragten gibt ihnen den Vorzug. Welche Stellung die öffentliche Meinung damit der föderativen Struktur der Bundesrepublik zuerkennt, kann hier nicht beantwortet werden. Nur so viel läßt sich aussagen, daß Bund und Gemeinden dem Bürger näher stehen. Die Gemeinde hat sich eine gewisse Nähe zum Bürger bewahren können - die soziale Distanz ist relativ gering.

Die Bereitschaft, der Gemeinde eine vorrangige Stellung als Steuernehmer zuzuerkennen, nimmt in Großstädten ab: in Orten mit über 100 000 Einwohnern beträgt der Stimmenanteil der Gemeinden nur noch 55 %, der des Bundes 19 %. Letzterer erreicht hier seinen Höhepunkt:

Wohngrößen	Gemeinde [%]	Land [%]	Bund [%]	Keine Angaben [%]
unter 2 000 Einwohner	61	13	15	11
2 000 b.u. 10 000 E.	58	20	14	8
10 000 b.u. 100 000 E.	62	11	17	10
über 100 000 Einwohner	55	13	19	13

In bezug auf die Dauer der Ausbildung zeigt sich, daß die höheren Bildungsschichten in wesentlich stärkerem Maße dem Bunde nahe stehen als es das Durchschnittsergebnis der Befragung zeigt:

	Gemeinde [%]	Land [%]	Bund [%]	Keine Angaben [%]
Volksschule	61	14	14	11
Mittelschule	51	16	24	9
Abitur/Hochschule	46	12	41	1

---

18. Vgl. S. 18

Die "Bundestreue" ist ferner stärker als im Durchschnitt bei denjenigen
Befragten, die nach 1945 in die Bundesrepublik eingewandert sind:

	Gemeinde [%]	Land [%]	Bund [%]	Keine Angaben [%]
In der Bundesrepublik vor 1945 wohnhaft	60	14	16	10
Nach 1945 zugewandert	51	13	23	13

Hierbei scheint die Dauer der Ansässigkeit in einer Gemeinde bedeutsam
zu sein, eine Annahme, die noch dadurch gestützt wird, daß die Befragten über 50 Jahre in überdurchschnittlichem Ausmaß der Gemeinde die
Vorrangstellung einräumen (60 bzw. 62 %).

II. Steuern

1. Steuerbelastung und Belastungsgefühl

a) "objektive" Steuerbelastung

Unter "Steuerbelastung" einer Person verstehen wir die Differenz im
Realeinkommen, die sich durch den Steuerabzug durch direkte Besteuerung
und Entrichtung von Steuern in den Preisen ergibt. Diese Steuerbelastung
läßt sich zum Teil relativ leicht errechnen. Direkte Steuern sind lediglich zu addieren (Einkommenssteuern, Grundsteuer, Erbschaftsteuer
u.a.). Die Berechnung der in den Preisen für Güter und Dienstleistungen
enthaltenen Steuern gestaltet sich demgegenüber schwieriger, ist aber
für bestimmte Fälle möglich. Man geht dabei so vor, daß man die Käufe
eines Haushalts nach Arten und Mengen gliedert, die in den Preisen enthaltenen Steuern ermittelt und diese dann summiert. Auf diese Weise
gelangt man zu der "objektiven" Steuerbelastung einer Person oder eines
Haushalts, d.h. zu der jeweiligen Gesamtsumme der direkt und indirekt
entrichteten Steuern.

b) "subjektive" Steuerbelastung - "Belastungsgefühl"

Ist es schwierig, einen interpersonalen Vergleich der objektiven Steuerbelastung durchzuführen, da dies ohne Einbeziehung der Leistungsfähigkeit nicht möglich ist, so ist in der zugrundeliegenden Umfrage der
Versuch gemacht worden, das subjektive Belastungsgefühl der Bürger zu
erforschen und zu vergleichen.

Der einzelne Bürger hat einen bestimmten subjektiven Eindruck von der Höhe seiner Steuerbelastung

a) im bezug auf seine Leistungsfähigkeit,
b) im Verhältnis zu anderen Steuerpflichtigen.

In diesem Eindruck mischen sich verschiedene objektive und subjektive Faktoren: die tatsächliche Lebenslage und Leistungsfähigkeit, die mehr oder weniger genaue Kenntnis der zu entrichtenden Steuern, Informationen über Staat, Finanzbehörden und Steuern überhaupt, individuelles Temperament und Erfahrungsschatz. Dabei läßt sich eine Unterscheidung treffen zwischen dem Belastungsgefühl, das durch die direkt zu entrichtenden Steuern hervorgerufen wird und demjenigen, das die in den Preisen enthaltenen Steuern auslösen.

Belastungsgefühl durch "direkte" Steuern

Das Belastungsgefühl hinsichtlich der direkt zu entrichtenden Steuern kann unter zwei Gesichtspunkten untersucht werden:

a) ist der subjektive Eindruck, den der Steuerpflichtige von der Höhe seiner Belastung hat, objektiv richtig?
b) wird die so empfundene Steuerbelastung als angemessen, zu hoch oder zu niedrig angesehen?

Die Informiertheit über den geltenden Steuertarif ist, wie die Untersuchung zeigt, gering: Fragen nach dem Verhältnis von Einkommen und Steuersatz werden nur zu einem Drittel richtig beantwortet, der Rest bezeichnet einen zu hohen oder zu niedrigen Tarif als gültig bzw. macht (mit 25 %) keine Angaben. Das bedeutet, daß nur wenige Steuerpflichtige über ihre tatsächliche Belastung informiert sind. Die Verschiedenheit des Belastungsgefühls wird am deutlichsten bei den Berufen sichtbar:

Belastungsgefühl (nur Lohn- und Einkommenssteuerzahler)	Arbeiter [%]	Angestellte [%]	Beamte [%]	Selbständige [%]	Davon Kaufleute [%]	Landwirte [%]
zu niedrig	21	26	23	20	17	20
richtig	32	34	42	23	19	25
zu hoch	35	29	25	50	52	45
viel zu hoch	12	11	10	7	12	10
	100	100	100	100	100	100

Die beiden Extremgruppen bilden die Selbständigen (insbesondere Kaufleute) und Landwirte einerseits, die Beamten andererseits. Zwar kommt eine zu niedrige Schätzung bei allen Gruppen ungefähr gleich häufig vor, doch ist die Zahl der "Richtig"-schätzenden unter den Beamten relativ hoch. Dem entspricht, daß sie relativ selten ein hohes oder viel zu hohes Belastungsgefühl erkennen lassen (insgesamt 35 %). Dies ist dagegen bei 57 % der Selbständigen, bei 64 % der Gewerbetreibenden und bei 55 % der Landwirte der Fall. Bei diesen Gruppen wird die Wirklichkeit durch den subjektiven Eindruck am meisten verzerrt. Es sind gleichzeitig diejenigen Gruppen, die am ehesten erfolgreich Steuern hinterziehen können.

Von den Arbeitern und Angestellten hat immerhin ein Drittel einen richtigen Eindruck von der Steuerbelastung, die Zahl derer, die ein zu hohes Belastungsgefühl haben, ist aber noch sehr groß. Allerdings kann vermutet werden, daß sich in den Antworten dieser beiden Gruppen das Belastungsgefühl hinsichtlich der Summe der Abzüge (Steuern einschl. Sozialversicherung und Krankenkasse) manifestiert. Diese Hypothese wird durch die Tatsache gestützt, daß Arbeiter und Angestellte im allgemeinen gut informiert sind, wenn die Frage nach dem Anteil der Steuern an den gesamten Abzügen gestellt wird, dann also die Steuern ungefähr richtig einschätzen, während sonst Steuern und Abzüge nicht eindeutig getrennt werden.

Angemessenheit der Belastung

Eine weitere Frage der Untersuchung richtete sich darauf, ob der Steuersatz, nach dem der einzelne besteuert zu sein glaubt, als angemessen, als zu hoch oder als zu niedrig empfunden wird. Die Mehrzahl der Lohn- und Einkommensteuerzahler hält die Belastung für zu hoch:

Den Steuersatz, mit dem sie ihrer Ansicht nach belastet sind, halten für	Arbeiter [%]	Angestellte [%]	Beamte [%]	Selbständige [%]	Landwirte [%]
Angemessen	27	28	36	15	30
Zu hoch	71	72	63	83	70
Zu niedrig	1	-	1	2	-
	100	100	100	100	100

Aufschlußreich sind die Differenzen zwischen den einzelnen Berufsgruppen: vier Fünftel der Selbständigen, aber nur drei Fünftel der Beamten halten ihre Steuerbelastung für "zu hoch". Arbeiter, Angestellte und Landwirte nehmen eine Mittelstellung ein.

Belastungsgefühl durch "indirekte" Steuern

Die Aufmerksamkeit des Bürgers richtet sich in erster Linie auf die Steuern, die unmittelbar bei ihm erhoben werden. Der Eindruck, den die Öffentlichkeit von der in den Preisen auferlegten Steuerbelastung hat, ist ungleich weniger akzentuiert. Es wird zwar auch bei solchen Gütern eine Verbrauchssteuer vermutet, die einer Belastung nicht unterliegen, andererseits aber besteht weder eine Vorstellung von den Steuersätzen noch von den Summen, die auf diese Weise an den Staat abgeführt werden.

Frage: "Auf welchen der folgenden Waren liegt eine Verbrauchssteuer, die man ja bekanntlich im Preis mitbezahlt?"

	Ja [%]	Nein [%]	Keine Angaben [%]	Basis
Zigaretten	92	2	6	100 % 1986
Zucker	81	11	8	100 % 1986
Zündhölzer	81	11	8	100 % 1986
Weinbrand	84	7	9	100 % 1986
Schaumwein	86	6	8	100 % 1986
Personenwagen*)	46	40	14	100 % 1986
Parfums*)	54	33	13	100 % 1986
Fotoapparate*)	30	52	18	100 % 1986
Moselwein*)	49	38	13	100 % 1986

*) Waren, auf denen keine speziellen Verbrauchssteuern liegen.

Wie vorstehende Tabelle zeigt, wissen mehr als vier Fünftel der Befragten, daß Zigaretten, Zucker, Zündhölzer, Weinbrand und Schaumwein mit einer Verbrauchsteuer belastet sind, aber nur 30 bis 50 %, daß bei Personenwagen, Parfums, Fotoapparaten und Moselwein keine Verbrauchsteuern mitbezahlt werden müssen. Hier ist allerdings darauf hinzuweisen, daß manche dieser Güter früher mit einer Verbrauchsteuer belastet waren bzw. in den letzten Jahren in den Diskussionen um eine neue "Luxussteuer" eine gewisse Rolle spielten. Hieran wird aber bereits deutlich, daß das Belastungsgefühl bei den Verbrauchsteuern wesentlich von der Informiertheit abhängig ist; würden diese Steuern in der Öffentlichkeit niemals erwähnt, würde die tatsächliche Belastung überhaupt nicht als solche empfunden, während Erinnerungen an frühere Zeiten oder an irgendwelche Zeitungsmeldungen auch hinsichtlich solcher Güter ein Belastungsgefühl entstehen lassen, die tatsächlich nicht mit einer Verbrauchsteuer belegt sind. Wie schlecht es mit dieser Informiertheit bestellt ist, zeigt auch die Tatsache, daß von den sieben Fragen, ob Zucker, Zündhölzer, Weinbrand, Personenwagen, Parfums, Fotoapparate und Moselwein mit einer Verbrauchsteuer belegt seien oder nicht, nur ein Viertel aller Befragten sechs oder sieben Fragen richtig beantworten konnte; ein Drittel wußte wenigstens auf vier oder fünf Fragen die richtige Antwort, während vierzig Prozent der Befragten auf vier bis sieben dieser Fragen eine falsche bzw. gar keine Antwort gaben. Erstaunlicherweise wird die Güte der Antworten durch die jeweilige Schulbildung oder auch durch die Höhe des Einkommens kaum modifiziert; vielmehr bleibt der Anteil richtiger Antworten in allen Gruppen ungefähr gleich.

Die These, daß das Belastungsgefühl hier wesentlich von der Informiertheit abhängig ist, wird auch von den Ergebnissen einer anderen Frage gestützt, die sich nach dem vermutlichen Verbrauchsteueranteil in den Preisen bestimmter Waren erkundigte. Bei Zigaretten gaben nur 14 % aller Befragten die richtige Antwort, daß nämlich der Steuersatz 50 bis 59 % des Preises betrage; im übrigen zeigt sich eine weite Skala von Schätzungen. Da aber bekannt ist, daß Zigaretten hoch besteuert werden, nannte immerhin ein Drittel der Befragten Sätze über 50 %; bei Zucker dagegen wurden so hohe Sätze so gut wie gar nicht genannt. Hier schätzte ein Zehntel der Befragten den Verbrauchsteueranteil richtig, nämlich mit 0 bis 9 % des Preises; immerhin ein weiteres Viertel nannte noch Sätze zwischen 10 und 20 %.

Was aus dem Vergleich von Tabelle a) und b) deutlich wird, ist vor allem dies: es bestehen sehr vage Vorstellungen darüber, ob eine Ware "hoch" oder "niedrig" mit Verbrauchsteuer belastet ist - kaum jemand besitzt weitergehende Informationen, und das Belastungsgefühl ist nicht weiter zu spezifizieren, weil sich die Befragten in aller Regel nämlich an keinerlei konkrete Daten halten können. Dies wird auch durch die Zusammenfassung in der nachstehend aufgeführten Tabelle deutlich. In bezug auf die Belastung durch Verbrauchsteuern sind die Bürger also auf willkürliche Schätzungen angewiesen. Nimmt man - mit den Arbeiten des

Geschätzter Verbrauch-steueranteil am Preis	a) Zigaretten -% aller Befragten-	b) Zucker -% aller Befragten-
0 bis 9 %	6	10
10 bis 19 %	11	23
20 bis 29 %	11	18
30 bis 39 %	8	8
40 bis 49 %	5	8
50 bis 59 %	14	1
60 bis 69 %	6	-
70 bis 79 %	5	-
80 und mehr %	7	-
Keine Angaben	27	32
Basis	100	100
Basis	1986	1986

Verbrauchsteuer-anteil am Preis	Zigaretten -% aller Befragten-	Zucker -% aller Befragten-
Gering (0 bis 19 %)	17	33
Ziemlich hoch (20 bis 39 %)	19	26
Hoch (mehr als 40 %)	37	9

Finanzwissenschaftlichen Forschungsinstituts in Köln und des Ifo-Instituts München - an, daß in allen Einkommensgruppen die gesamte Verbrauchsteuerbelastung einschließlich Umsatzsteuer 8 bis 10 % des Familieneinkommens ausmacht und gliedert die Antworten nach "richtig" - "darunter" - "darüber", so ergibt sich folgendes Bild:

Familien-einkommen (netto)	Richtig [%]	Darunter [%]	Darüber [%]	Keine Angaben [%]	
Unter DM 260,--	52	-	26	22	100 %
DM 260,-- b.u. DM 390,--	30	18	34	18	100 %
DM 390,-- b.u. DM 600,--	22	35	28	15	100 %
DM 600,-- und mehr	15	46	26	13	100 %

Hieraus ergibt sich, daß mit steigendem Einkommen die Verbrauchsteuerbelastung in immer stärkerem Maße unterschätzt wird.

Vergleich der Einstellung zu direkter Besteuerung und Verbrauchssteuer

Die Präferenz bei einer notwendigen Steuererhöhung liegt nicht bei den unmerklichen Verbrauchsabgaben, sondern bei den direkt zu entrichtenden Steuern:

	Steuern vom Einkommen abziehen [%]	Mehr für Güter des tägl. Gebrauchs bezahlen [%]	Keine Angaben [%]	Basis
Insgesamt	54	36	10	100% 1986
Männer	54	37	9	100% 975
Frauen	54	35	11	100% 1011
Berufsgruppen				
Arbeiter	51	38	11	100% 815
Angestellte	58	35	7	100% 263
Beamte	65	31	4	100% 162
Selbständige	46	43	11	100% 224
Landwirte	53	39	8	100% 183
Rentner	59	28	13	100% 335
Familieneinkommen (monatlich netto)				
Unter DM 260,--	59	34	7	100% 224
260,-- DM b.u. 390,-- DM	72	18	10	100% 430
390,-- DM b.u. 600,-- DM	56	36	8	100% 635
600,-- DM oder mehr	59	33	8	100% 419

Die indirekt zu entrichtenden Steuern rufen solange kein nennenswertes Belastungsgefühl hervor und sind solange weder ein Objekt des Nachdenkens noch der "Steuerverdrossenheit", als man nicht von ihnen spricht. Weist man aber auf sie hin und macht sie zum Gegenstand von Überlegungen, scheinen sie angesichts ihrer Unbekanntheit und Unmerklichkeit als besonders bedrohlich.

2. Steuergerechtigkeit

Zwei Drittel der Bevölkerung der Bundesrepublik finden die Steuern ungerecht verteilt, ebenfalls zwei Drittel sind der Ansicht, die von ihnen gezahlten Steuern kämen ihnen nicht voll zugute. 35 % halten die Bundesrepublik für das höchst besteuerte Land der Welt.

Auf die Frage: "Finden Sie, daß das, was der Staat mit Ihren Steuergeldern macht, Ihnen voll wieder zugute kommt oder sind Sie der Ansicht, daß der Staat Ihnen keinen vollen Gegenwert bietet für das, was Sie zahlen?" ergab sich folgende Verteilung der Antworten:

	Keinen vollen Gegenwert [%]	Kommt mir voll zugute [%]	Keine Angaben [%]		Basis
Insgesamt	61	32	7	100 %	1986
Berufsgruppen					
Arbeiter und Landarbeiter	69	25	6	100 %	815
Angestellte	63	35	2	100 %	263
Beamte	36	60	4	100 %	162
Selbständige	74	23	3	100 %	224
Landwirte	59	30	11	100 %	183
Rentner	44	39	17	100 %	335

Allein die Beamten sind in ihrer Mehrheit davon überzeugt, daß ihnen ihre Steuerzahlungen wieder zugute kommen. Vor allem die Selbständigen neigen der Ansicht zu, daß der Staat keine Gegenleistung für die Steuer-

	Ungerecht verteilt [%]	Gerecht verteilt [%]	Keine Angaben [%]		Basis
Insgesamt	67	25	8	100 %	1986
Berufsgruppen					
Arbeiter, Landarbeiter	72	20	8	100 %	815
Angestellte	65	29	6	100 %	263
Beamte	60	36	4	100 %	162
Selbständige	71	23	6	100 %	224
Landwirte	66	23	11	100 %	183
Rentner	55	30	15	100 %	335

zahler bietet. Noch einheitlicher urteilt die öffentliche Meinung über die Gerechtigkeit der Verteilung der Steuerlast (s. Seite 32):

3. Steuermentalität

Vor annähernd 30 Jahren prägte der Schweizer Gelehrte Eugen GROSSMANN den Begriff der "Finanzgesinnung" und verstand darunter die allgemeine Einstellung der Wähler zum Abgabewesen[19]; will man das Phänomen enger und zugleich wertneutraler abgrenzen, so kann man die allgemeine Einstellung eines Volkes oder einer Gruppe zur Steuer und Besteuerung schlechthin zweckmäßigerweise als "Steuermentalität" bezeichnen. Diese Steuermentalität weist von Volk zu Volk, von Gruppe zu Gruppe, von Zeitalter zu Zeitalter charakteristische Unterschiede auf; eine erste Annäherung an die verschiedene Steuermentalität der Völker ist der Versuch, ihre Grundeinstellung zur Besteuerung aus ihrer Sprache abzulesen, also semantisch-psychologisch zu ermitteln. Ein solcher Versuch wurde vor einigen Jahren im Finanzwissenschaftlichen Forschungsinstitut durchgeführt[20]; auf den Ergebnissen dieser Arbeit aufbauend wurde, um ein genaueres Bild von der Steuermentalität der Deutschen zu gewinnen, in der hier zugrundeliegenden Umfrage vom Sommer 1958 die Frage gestellt: "In der Sprache anderer Völker hat das Wort "Steuer" teilweise folgende Bedeutung: 'Ich muß etwas abgeben', 'Mir wird etwas weggenommen', 'Ich muß etwas beitragen'; welche dieser drei Bedeutungen ist wohl in Deutschland am zutreffendsten?"

Dabei wurde von der Annahme ausgegangen, daß das Wort "abgeben" keinen besonderen negativen oder positiven Wertakzent aufweist, wie dies bei den beiden anderen Bezeichnungen der Fall ist.

Am häufigsten wurde das Wort "abgeben" als zutreffend genannt (s. Tab. S. 34).

Nur 32 % bezeichnen die Besteuerung als "wegnehmen". Wie die Aufgliederung zeigt, lassen sich diese Antworten in den unteren Einkommens- und Bildungsschichten lokalisieren. Außerdem nimmt diese Einstellung mit zunehmendem Alter ab. Die Charakterisierung der Besteuerung als einer Art des "Beitragens" findet sich in den oberen Schichten und nimmt zu mit der Schulbildung. Unter den Berufen neigen dieser Auffassung am meisten die Beamten zu, während Selbständige und Arbeiter eine relativ negative Einstellung zum Ausdruck bringen.

---

19. GROSSMANN, E., Die Finanzgesinnung des Schweizervolkes, in: Zeitschrift f. Schweizer. Statistik und Volkswirtschaft, 1930
20. SCHOLTEN, H., Die Steuermentalität der Völker im Spiegel ihrer Sprache, Köln 1952

	Ich muß etwas abgeben [%]	Mir wird etwas weggenommen [%]	Ich muß etwas beitragen [%]	Keine Angaben [%]	[%]	Basis
Insgesamt	39	32	28	1	100	1986
Männer	36	30	34	0	100	975
Frauen	42	33	24	1	100	1011
Altersschichten						
16 bis unter 25 Jahre	39	36	24	1	100	351
25 bis unter 30 "	36	36	28	-	100	160
30 bis unter 50 "	38	33	29	0	100	758
50 bis unter 65 "	39	29	30	2	100	470
65 Jahre und älter	45	23	31	1	100	232
Schulbildung						
Volksschule	40	34	25	1	100	1560
Mittlere Reife	33	24	42	1	100	295
Abitur, Hochschule	36	24	40	-	100	114
Beruf						
Arbeiter	35	42	23	-	100	756
Angestellte	36	29	35	-	100	261
Beamte	37	14	49	-	100	161
Selbständige	46	29	25	-	100	219
Landwirte	48	23	29	-	100	180
Landarbeiter	54	24	22	-	100	41
Rentner	42	29	29	-	100	326
Schicht						
Oberschicht	38	24	38	-	100	13
Gehobener Mittelstand	39	24	37	-	100	154
Mittelstand	38	30	32	-	100	787
Kleiner Mittelstand	40	33	27	-	100	748
Unterschicht	42	41	17	-	100	225
(keine Angabe)	(36)	(43)	(21)	-	100	14

Daß bei der Frage nach der Bedeutung des Wortes "Steuer" gewisse affektive Grundeinstellungen zum Ausdruck kamen, zeigt ein Vergleich der Antworten auf zwei andere Fragen:

1. "Halten Sie die Steuern für gerecht verteilt?"
2. "Finden Sie, daß man für seine Steuern eine volle Gegenleistung bekommt?"

Vergleicht man diese Antworten mit denen auf die Frage nach der Bedeutung des Wortes Steuer, so zeigt sich

1. daß das Wort "abgeben" der gemeinsame Nenner für positive wie für negative Einstellungen zur Besteuerung sein kann und zwischen den beiden anderen Wörtern durchaus in der Mitte steht;
2. daß eine negative Einstellung zur Steuer, wie sie sich in der Bedeutungswahl "wegnehmen" für das Wort "Steuer" ausdrückt, eng zusammenhängt mit einem Mißtrauen gegen die öffentliche Finanzwirtschaft überhaupt; umgekehrt gilt dasselbe von der positiven Einstellung.

	Ich muß etwas abgeben [%]	Mir wird etwas weggenommen [%]	Ich muß etwas beitragen [%]	Keine Angaben [%]	[%]	Basis
Ich finde die Steuern gerecht verteilt	40	20	40	-	100	488
Ich finde die Steuern ungerecht verteilt	38	37	24	1	100	1309
Man bekommt eine volle Gegenleistung	40	14	46	-	100	628
Man bekommt keine volle Gegenleistung	38	41	21	-	100	1190

	gerecht verteilt [%]	ungerecht verteilt [%]	Keine Angaben [%]	[%]	Gegenleistung [%]	Keine Gegenleistung [%]	Keine Angaben [%]	[%]	Basis
Ich muß etwas abgeben	26	65	9	100	33	59	8	100	558
Mir wird etwas weggenommen	14	78	8	100	14	78	8	100	762
Ich muß etwas beitragen	35	57	8	100	52	45	3	100	626

"Was kommt Ihnen in den Sinn, wenn Sie das Wort 'Steuer' hören?" war eine weitere Frage zur Steuermentalität. Sie gab den Angesprochenen Gelegenheit zur freien Assoziation; dieses Vorgehen vermittelt ein besonders farbiges Bild der Steuermentalität, wenn auch die Auswertung erschwert wird. Mehr als ein Drittel der Antworten verbindet mit dem Wort "Steuer" ausschließlich sachliche, technische oder organisatorische Vorstellungen. Ungefähr ein Viertel der Befragten bejaht die Notwendigkeit von Steuern (notwendiges Übel, Erhaltung des Staates); Kritik und negative Äußerungen sind in weniger als einem Drittel der Antworten vertreten. Diese im ganzen sachliche, maßvolle, wenn nicht sogar gleichgültige Einstellung zur Besteuerung tritt wiederum am stärksten bei den Lohn- und Gehaltsempfängern, die positive Einstellung bei den Beamten, die negative bei den Selbständigen in Erscheinung. Die agressiven Äußerungen und Ablehnungen erreichen in dieser Gruppe ca. 40 % der Antworten (s. Tab. S. 37).

III. Staatsausgaben

Tritt der Staat bei der Erhebung von Steuern mit Forderungen an den Bürger heran, - eine Erfahrung, die das negative Bild der staatlichen Finanzwirtschaft in den Augen des Bürgers rechtfertigen könnte - so ist dies doch nur ein Aspekt des Staatshaushalts: mit seinen Ausgaben tritt der Staat in die Rolle des Gebenden. Die Annahme ist naheliegend, daß die öffentliche Meinung hier ein anderes Gesicht zeigt und der Staatshaushalt also lediglich als "Transmissionsriemen" erscheint, der die Steuerbeträge überleitet in andere Verwendungszwecke, bis die Mittel schließlich wieder in voller Höhe in die Volkswirtschaft einmünden. Tatsächlich aber zieht die öffentliche Meinung eine für den Staatshaushalt insgesamt negative Bilanz: es überwiegt die oben bereits mitgeteilte Auffassung, daß dem vom einzelnen entrichteten Steuerbetrag ein individuelles Äquivalent nicht gegenübersteht[21]: nur 32 % der Befragten sind der Meinung, daß ihnen der entrichtete Steuerbetrag wieder voll zugutekommt, während nahezu zwei Drittel einen vollen Gegenwert nicht für gegeben annehmen.

Vor einer Darstellung der Stellungnahme der öffentlichen Meinung zu den verschiedenen Ausgabekategorien seien einige Ergebnisse im Überblick vorweggenommen, so die Schätzungen über größenmäßige Rangordnungen

---

21. Vgl. Abschnitt II, S. 32

Assoziationen zu "Steuern"	Insgesamt [%]	Arbeiter, Landarb. [%]	Angestellte [%]	Beamte [%]	Selbständige [%]	Landwirte [%]	Rentner [%]
1. Abzüge, Abgaben	21	26	24	26	13	11	16
2. Zahlung-, Zahlungstermine	10	10	9	10	9	10	9
3. Behörde (Finanzamt)	5	3	3	4	4	8	4
4. Spezielle Steuern u. Steuergesetze	3	4	3	2	1	4	2
(sachlich-technisch-organisatorisch 1 - 4)	(39)	(43)	(39)	(42)	(27)	(33)	(31)
5. Unangen. Empfindungen	13	13	15	10	18	14	10
6. Zu viele und zu hohe Steuern	8	9	9	6	10	18	7
7. das "böse" Finanzamt	3	3	2	2	5	9	4
8. Aggressive Äußerungen	2	2	2	2	5	1	2
9. Ablehnung der Verwendungszwecke	2	2	2	2	2	2	1
10. Das Schimpfen d. Leute	1	1	1	1	1	1	2
(negativ -5 bis 10-)	(29)	(30)	(31)	(23)	(41)	(35)	(26)
11. Notwendigkeit für Staat und Gemeinde; notwendiges Übel	23	18	23	28	26	22	28
12. Keine Angaben	9	9	7	7	6	10	15
Basis	100 / 1986	100 / 815	100 / 163	100 / 162	100 / 224	100 / 183	100 / 335

öffentlicher Ausgaben, Meinungen über Wichtigkeit von Staatsausgaben und das Maß der Aktualität der verschiedenen Sektoren staatsfinanzwirtschaftlicher Tätigkeit.

1. Größenordnung, Wichtigkeit und Aktualität staatlicher Ausgaben

a) hoch geschätzte Staatsausgaben

In der öffentlichen Meinung stehen in bezug auf die Größenordnung die Ausgaben für Verteidigung, Besatzungskosten und Soziales im Vordergrund. Auf die Frage, für welchen Zweck der Staat "am meisten" Geld ausgebe, antworteten:

	Insgesamt [%]	Männer [%]	Frauen [%]
Verteidigung	61	60	62
Soziale Ausgaben	32	34	31
Besatzungskosten	29	28	31
Personalausgaben	19	18	21
Ausgaben für Verwaltungsgebäude u. öffentliche Bauten	18	17	19
Grüner Plan	6	5	7
Straßenbau	3	3	3
Kultur und Wissenschaft	2	1	3

b) niedrig geschätzte Staatsausgaben

Auf die Frage, für welchen Zweck der Staat "am wenigsten" Geld ausgebe, antworteten:

	Insgesamt [%]	Männer [%]	Frauen [%]
Kultur und Wissenschaft	46	48	44
Soziale Ausgaben	34	30	38
Straßenbau	26	30	22
Grüner Plan	12	13	12
Personalausgaben	7	7	7
Ausgaben für öffentliche Bauten u. Verwaltungsgebäude	5	5	5
Verteidigung	4	5	4
Besatzungskosten	3	3	3

Mit Ausnahme der Schätzung der Sozialausgaben ergibt sich bei den Schätzungen nach "hoch" und "niedrig" eine nahezu umgekehrte Reihenfolge. Auf die Bestimmungsgründe dieser Schätzungen wird bei der Besprechung der einzelnen Ausgabekategorien noch näher einzugehen sein.

c) Einschätzung der Wichtigkeit der verschiedenen Staatsausgaben

Für die praktischen Aufgaben der Finanzpolitik ist nun nicht nur der zunächst wertneutrale Tatbestand der besseren oder geringeren Informiertheit der Staatsbürger bedeutsam, sondern vor allem auch der Grad an Zustimmung, die bestimmte finanzpolitische Maßnahmen (hier: die Ausgaben) finden; dieser läßt sich an der Einschätzung der Wichtigkeit der einzelnen Ausgabearten ablesen. Gleichzeitig wird aus dieser auch das Ausmaß der Aktualität bestimmter Bereiche der Ausgabenpolitik sichtbar.

Die Antworten auf die Fragen nach der Wichtigkeit einzelner Ausgabearten (an Hand einer Skala von +5 bis -5) ergibt die folgende Reihenfolge (in der zweiten Spalte sind die Antworten eingetragen, die den entsprechenden Ausgabenzweck für unwichtig halten):

	Ausgabenart ist wichtig [%]	Ausgabenart ist unwichtig [%]	Nicht eingeordnet [%]
Sozialausgaben	95	1	4
Wissenschaft u. Kultur	92	4	4
Straßenbau	90	6	4
Grüner Plan	56	39	5
Personalausgaben	61	34	5
öffentliche Bauten und Verwaltungsgebäude	41	55	4
Verteidigung	38	57	5
Besatzungskosten	14	82	4

Schon hier sei darauf aufmerksam gemacht, daß die ersten drei Posten eine von den anderen deutlich abgehobene Gruppe bilden.

d) Aktualität der Ausgabearten

Die öffentliche Meinung zeichnet sich u.a. dadurch aus, daß gewisse Inhalte zeitweilig im Vordergrund stehen und schließlich wieder anderen

Platz machen[22]. Mit Hilfe von Befragungsergebnissen läßt sich die Aktualität einzelner Fragen oder Fragenkomplexe quantifizieren, indem aus den positiven, negativen und unentschiedenen Stimmen eine Maßgröße entwickelt wird. Diese "Aktualität" einer Frage bedeutet "das Ausmaß der Spannung, das in einer Gruppe von befragten Personen bezüglich dieser Frage besteht"[23]. Dabei ist der Aktualitätsgrad immer dann groß, wenn die Anzahl der positiven und negativen Antworten ungefähr einander entspricht und der Prozentsatz der Unentschiedenen klein ist: "inaktuelle" Fragen also sind entweder zu unwichtig, als daß man eine Meinung darüber haben müßte, oder die Antwort ist zu normiert, zu selbstverständlich, als daß man eine abweichende Meinung darüber haben könnte.

Für die Finanzpolitik, insbesondere für die Bemühungen um die Öffentlichkeit des Staatshaushalts, ist dieser Tatbestand insofern wesentlich, als er deutlich macht, für welche Fragen ein aktuelles Interesse erwartet werden kann.

Die Untersuchung führte zu dem Ergebnis, daß der Aktualitätsgrad das Maximum bei den Ausgaben für öffentliche Bauten und Verwaltungsgebäude - gefolgt von den Verteidigungsausgaben - erreicht, das Minimum bei den Sozialausgaben. Auch hieraus wird klar, daß die Aktualität nichts zu tun hat mit der negativen oder positiven Einstufung der Wichtigkeit eines Gegenstandes durch die öffentliche Meinung, sondern nur mit der tatsächlichen Strittigkeit der Einstufung überhaupt.

Aktualitätsgrade der Ausgabenarten:

Sozialausgaben	2,40	Öffentliche Bauten und Verwaltungsgebäude	11,75
Kultur und Wissenschaft	4,75		
Straßenbau	5,75	Verteidigung	9,20
Personalausgaben	9,0	Besatzungskosten	8,50
Grüner Plan	9,0		

---

22. HOFSTÄTTER, P.R., Die Psychologie der öffentlichen Meinung, Wien 1949, S. 10 ff.
23. HOFSTÄTTER, P.R., Einführung in die Sozialpsychologie, 2. Auflage, Stuttgart 1959:
Das Aktualitätsmaß
$$A = \frac{\sqrt{P_+ \cdot P_-}}{P_o}$$
zeigt, daß eine Frage um so aktueller ist, je direkter der Befragte durch sie angesprochen wird. Es gibt einen quantitativen Ausdruck für die Polarisation einer Gruppe in bezug auf eine bestimmte Frage (P_+ = ja, P_- = nein, P_o = unentschieden in %).

Ein anschauliches Bild bietet die graphische Darstellung:

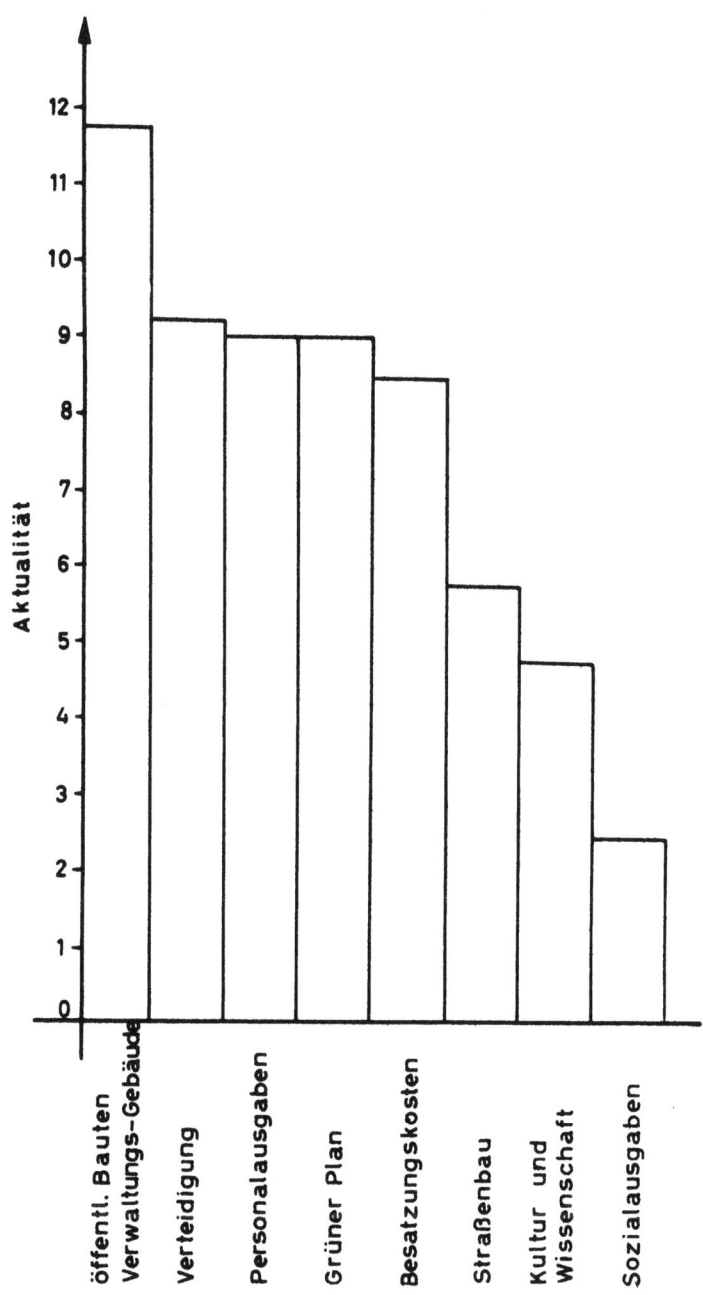

2. Die Verwendung der Steuergelder

Bereits im ersten Teil dieser Untersuchung wurde auf die Informiertheit über die finanzwirtschaftliche Eigenständigkeit der Länder sowie auf die verschiedene Beurteilung von Bund, Ländern und Gemeinden als Steuernehmer eingegangen. Die Umfrage hat sich weiter der Frage zugewandt, welche Vorstellungen bezüglich der Verwendung der Steuergelder durch die verschiedenen Finanzhoheitsträger bestehen (**Frage:** "Bitte sagen Sie mir, für welche Zwecke einerseits der Bund, andererseits die Bundesländer und drittens die Gemeinden die ihnen zufließenden Steuern in erster Linie verwenden!").

a) Die Steuerverwendung durch den Bund

Im Bewußtsein der öffentlichen Meinung stehen hier die Verteidigungsausgaben an erster Stelle. Ihnen folgen die Sozialausgaben und der Verwaltungsaufwand. Zur Kennzeichnung des Stimmungsgehalts, der sich mit der Antwort verbindet, werden zu den einzelnen Positionen Stichworte mitgeteilt:

Verwendung	Insgesamt [%]	Männer [%]	Frauen [%]
Verteidigung Bundeswehr/Aufrüstung/ Soldaten/Kasernen/für Sicherheit und Schutz/ Atom/wird für Düsenjäger rausgeschmissen	51	56	46
Soziale Ausgaben Soziallasten/Rentenzahlung/Kriegsopferversorgung/sozialer Wohnungsbau/Flüchtlingsentschädigungen/ Wohlfahrt	29	31	27
Verwaltung Gehälter, Ministergehälter/ Diäten/Beratungskosten/Kriminalpolizei/Repräsentation/ Unterhaltung diplomatischer Vertretungen	20	22	18
Haushaltsausgaben allgemein Aufbau des gesamten Staates/ Staatsunterhaltung/Erfüllung der Verpflichtungen/ Schuldentildung/Zuschüsse für die Gemeinden und Kreise	12	13	11
Ausbau der Verkehrswege Bundesbahn/Wasserstraßen/ Hafenausbau/Schiffbau/ Straßen/Instandhaltung der Straßen/Autobahnen	10	10	10

Verwendung	Insgesamt [%]	Männer [%]	Frauen [%]
Öffentliche Bauten Gebäude/Regierungsbauten/Schulen/Kirchen	9	8	9
Besatzungskosten, Reparationen Stationierungskosten/Reparationen	6	8	5
Subventionen Zuschüsse für die Wirtschaft/Grüner Plan/Landwirtschaft/für bestimmte Berufszweige/Industrie/Kredite/Darlehen	3	4	2
Kulturelle Aufgaben Schulwesen/Stipendien/Wissenschaft/Kultur	2	2	2
Sonstige Angaben Warenaustausch/Devisen/für Käufe vom Ausland/Wahlpropaganda/für unnötige Reisen/für undurchsichtige Zwecke/für seinen Luxus/die werden das schon richtig machen/das geht alles in einen Sack	1	2	1
Es machten Angaben	84	92	77
Es machten keine Angaben	16	8	23
	100	100	100

b) Die Steuerverwendung durch die Länder

Bei den Ausgaben der Länder stehen an erster Stelle die Ausgaben für Verkehr. In bezug auf die Sozialleistungen wird bei den Ländern eine dem Bund ähnliche Aktivität vermutet (Bund 29 %, Länder 24 %):

Verwendungszweck	Insgesamt [%]	Männer [%]	Frauen [%]
Ausbau der Verkehrswege Bahn/Straßen/Wasserstraßen/Flußregulierungen/Häfen/Brückenbau/Verkehr	26	29	23

Verwendungszweck	Insgesamt [%]	Männer [%]	Frauen [%]
<u>Soziale Ausgaben</u> Wohlfahrt/Flüchtlingswesen/Beihilfen für alte Leute/sozialer Wohnungsbau/Soziales	24	27	22
<u>Verwaltung</u> Verwaltung/Repräsentation/Unterhaltungskosten/Landtag erhalten/Beamtenbesoldung/Diäten/Lehrer/Polizei	18	20	17
<u>Öffentliche Bauten</u> Schulen/Verwaltungspaläste/Regierungshäuser/Krankenhäuser/Gebäude	18	19	17
<u>Haushaltsausgaben allg.</u> Für Länderinteressen/Zuschüsse für Gemeinden/Abgaben an den Bund/Alle Landesaufgaben/Erfüllung der Verpflichtungen	10	13	8
<u>Kulturelle Aufgaben</u> Schulwesen/Wissenschaft/Kulturelles/Kultur	8	10	5
<u>Subventionen</u> Landwirtschaft/Grüner Plan/Viehzucht/Aufforstungen/Zuschüsse an die Industrie	2	3	2
<u>Verteidigungsausgaben</u> Wehrmacht/Besatzungskosten	2	1	1
<u>Sonstige Angaben</u> Wiedergutmachung/für den Wahlkampf/zum Allgemeinwohl/Schulden beim Bund/zum Wohl des jeweiligen Landes/für Siebungen/um sich halten zu können/für unnötigen Kram	1	2	1
Es machten Angaben	75	84	66
Es machten keine Angaben	25	16	34
	100	100	100

Der allgemeine Verwaltungsaufwand und die Ausgaben für öffentliche Bauten der Länder werden für besonders hoch gehalten von Befragten mit Abitur und Hochschulausbildung. Lassen sich im übrigen einzelne determinierende Faktoren nicht feststellen, so werden doch die Aufgaben in den verschiedenen Ländern nicht einheitlich beurteilt:

Verwendungszwecke	Länder						
	Schleswig-Holstein Hambg. [%]	Nied. sachsen m. Bremen [%]	Nordrhein-Westfalen [%]	Hessen [%]	Bayern [%]	Baden-Württemberg [%]	Rheinland Pfalz [%]
Ausbau der Verkehrswege	20	39	28	20	21	21	27
Soziale Ausgaben	19	31	32	25	15	17	21
Verwaltung	17	19	14	17	27	22	11
Öffentliche Bauten	16	14	22	19	14	18	18
Haushaltsausgaben allg.	20	11	7	16	7	14	11
Kulturelle Aufgaben	5	13	9	10	3	7	5
Subventionen	2	1	3	5	3	1	2
Verteidigungsausgaben	2	0	2	1	4	0	2
Sonstige Ausgaben	2	-	2	-	2	1	4
Es machten Angaben	72	81	78	77	72	70	67
Es machen keine Angaben	28	19	22	23	28	30	33
	100	100	100	100	100	100	100

c) die Steuerverwendung durch die Gemeinden

Eine der Meinung über die Länder ähnliche Beurteilung finden die Gemeinden.

Auch in diesem Zusammenhang zeigt sich, daß die finanzwirtschaftliche Tätigkeit des Bundes und der Gemeinden in der öffentlichen Meinung gegenüber derjenigen der Länder im Vordergrund steht. Über die Steuerverwendung der Länder vermochten nur 74 % der Befragten Angaben zu machen, gegenüber 81 % bei den Gemeinden und 84 % beim Bund.

Verwendungszwecke	Insgesamt [%]	Männer [%]	Frauen [%]
<u>Ausbau der Verkehrswege</u> Instandhaltung von Straßen/ Wegebau/Straßen	32	37	27
<u>Öffentliche Bauten</u> Öffentliche Bauarbeiten/Krankenhäuser/Schulen/neue Ämter zu bauen/Renovierungen	23	23	22
<u>Soziale Ausgaben</u> Für's öffentliche Wohl/sozialen Notstand zu beseitigen/ Unterstützungen/sozialer Wohnungsbau/Wohnungen/Flüchtlinge/ für Arbeitslose	21	23	19
<u>Haushaltsausgaben allgemein</u> Öffentliche Aufgaben/laufende Ausgaben/Erfüllung der Verpflichtungen/lebensnotwendige Bedürfnisse der Gemeinde/ Kommunalarbeiten/gemeindeeigene Objekte/Gemeindehaushalt	18	21	16
<u>Verwaltung</u> Lohn- und Gehaltszahlungen/ Gehälter/Polizei	10	11	10
<u>Öffentliche Einrichtungen</u> Sportplätze/Badeanstalten/Müllabfuhr/Bedürfnisanstalten/Kindergarten/Wassernetz/Ruhebänke/ Grünanlagen/Kureinrichtungen/ Verschönerungen	10	11	9
<u>Kulturelle Aufgaben</u> Schulwesen/Wissenschaften/Kultur	3	4	2
<u>Sonstige Angaben</u> Wehr- und Besatzungsmacht/ Grüner Plan/für Bundesangelegenheiten/schmeißen es zum Fenster raus/das wissen die Götter/ungerecht verteilt	2	2	2
Es machten Angaben	81	89	73
Es machten keine Angaben	19	11	27
	100	100	100

Steuerverwendung	Angaben [%]	Keine Angaben [%]
Bund	84	16
Länder	75	25
Gemeinden	81	19

3. Die verschiedenen Sektoren der Ausgabenwirtschaft des Staates

Die Umfrage hatte sich die Aufgabe gestellt, neben der allgemeinen Einstellung der öffentlichen Meinung zur staatsfinanzwirtschaftlichen Aktivität auch die Stellungnahmen zu bestimmten Tätigkeitsbereichen zu ermitteln. Sie ist dabei dem Ausmaß der Information einerseits, der positiven Wertschätzung andererseits nachgegangen.

a) Sozialausgaben

"Der Anschauungswandel, der sich in der modernen industriellen Gesellschaft hinsichtlich der Aufgaben von Staat und Gemeinde gegenüber dem Einzelschicksal des Staatsbürgers und seiner Familie vollzogen hat, zeigt sich besonders deutlich im Anwachsen der organisierten Sozialleistungen und Soziallasten, die durch öffentliche und parafiskalische Kassen vereinnahmt und verausgabt werden"[24]. Für eine Reihe von Ländern betrug für die Jahre 1951 die jährliche Belastung der Bevölkerung mit derartigen Soziallasten, umgerechnet über die Kaufkraftparitäten der ECE in USA-Dollars[25]:

	Mrd. Dollar	Dollar je Kopf der Bevölkerung
Bundesrepublik Deutschland	2,1	44,12
USA	7,8	50,99
Großbritannien	1,7	32,37
Frankreich	2,4	56,16
Italien	0,4	9,48
Schweden	0,1	11,63
Belgien	0,2	22,52
Niederlande	0,4	35,75

---
24. SCHMÖLDERS, G., Finanzpolitik, a.a.O., S. 175
25. STRATHUS, H., Internationaler Steuerbelastungsvergleich, Frankfurt 1952

Die Stellung der Sozialausgaben in der öffentlichen Meinung muß angesichts dieser Größenordnungen im Verhältnis zu den übrigen Staatsausgaben ein besonderes Interesse beanspruchen. Insbesondere muß sich hier erweisen, ob diese Ausgaben als ein der modernen Industriegesellschaft schlechthin zugehöriges Komplement angesehen werden, also in der öffentlichen Meinung unbestritten, oder aber interessenbesetzt sind, d.h. sich in der Sozialstruktur lokalisieren lassen.

Die Untersuchung hat gezeigt, daß die Sozialausgaben nur bei sehr differenzierter Analyse gruppenspezifische Beurteilung erfahren, im grundsätzlichen aber ihren festen Platz in der öffentlichen Meinung haben: 94 % der Befragten halten die Sozialausgaben für wichtig; nur 1 % für unwichtig. Allein 78 % der Befragten erteilen den Sozialausgaben die höchste Dringlichkeitsstufe innerhalb einer vorgegebenen Dringlichkeitsskala:

	Insgesamt [%]	Männer [%]	Frauen [%]
Summe der positiven Antworten	95	95	94
Wichtigkeitsstufe + 5	78	77	80
+ 4	7	8	6
+ 3	5	5	4
+ 2	3	3	2
+ 1	2	2	2
Nicht eingeordnet		3	5
- 1	1	1	0
- 2	0	1	0
- 3	0	0	1
- 4	0	0	0
- 5	0	0	0
Summe der negativen Antworten	1	2	1

Die Sozialausgaben bilden demnach in der öffentlichen Meinung kein eigentlich strittiges Problem (vgl. auch das niedrige Aktualitätsmaß), denn "wenn 100 % der befragten Personen entweder mit 'Ja' oder mit 'Nein' antworten, kann darin ein Anzeichen dafür erblickt werden, daß die betreffende Frage tatsächlich gar nicht zur Diskussion steht"[26].

Man kann nach diesen Ergebnissen ohne weiteres feststellen, daß die Sozialleistungen des Staates zu den "Selbstverständlichkeiten" unseres Gesellschaftssystems zählen, und diese "lassen sich nicht beweisen und scheinen auch keines Beweises zu bedürfen. Solange sie nicht angezweifelt werden, stellen sie überhaupt kein ernsthaftes Problem dar, mit dem es sich zu beschäftigen lohnte"[27].

Die Verteilung der Stellungnahmen entspricht unter dieser Voraussetzung nicht der GAUSSschen Normalverteilung, sondern zeigt eine I-Kurve: die Gesamtverteilung fällt von einem Höhepunkt nur in einer Richtung ab[28] (Kurve).

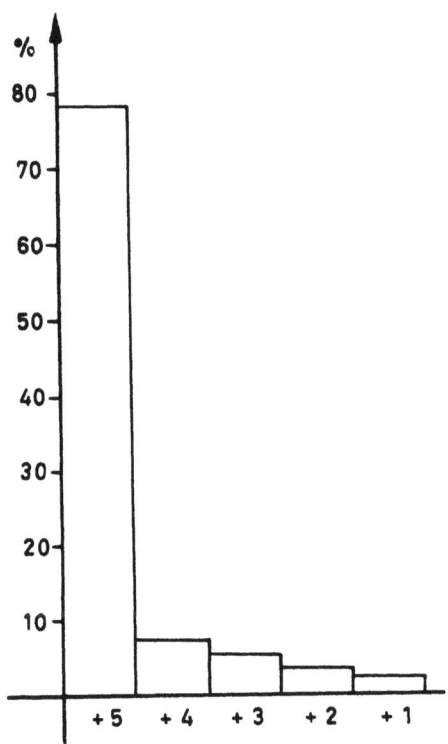

Sozialausgaben

---

26. HOFSTÄTTER, P.R., Einführung in die Sozialpsychologie, Stuttgart-Wien 1954, S. 159
27. HOFSTÄTTER, P.R., Einführung, a.a.O., S. 69
28. HOFSTÄTTER, P.R., Einführung, a.a.O., S. 80

Eine Aufgliederung des Mittelwertes von 95 % der zustimmenden Antworten ergibt keine wesentliche Streuungen. Die naheliegende Annahme, daß insbesondere die Rentner und in bezug auf das Lebensalter die älteren Jahrgänge dieser Ausgabenkategorie eine besondere, vom Durchschnitt abweichende Dringlichkeit zuerteilen würden, wird nicht bestätigt: Rentner und Befragte über 65 Jahre erreichen den Durchschnitt nicht und weichen auch innerhalb der Dringlichkeitsskala nicht in beachtenswerter Weise ab.

Altersschichten

	16 und 25 Jahre	25 und 30 Jahre	30 und 50 Jahre	50 und 65 Jahre	über 65 Jahre
Summe der positiven Antworten [%]	96	92	96	96	91
Wichtigkeitsstufe + 5	78	74	80	78	78
+ 4	7	6	7	7	6
+ 3	6	8	4	5	3
+ 2	2	2	3	3	2
+ 1	3	2	2	3	2
nicht eingeordnet	4	6	3	3	8
- 1	0	1	0	1	1
- 2	0	1	1	0	0
- 3	0	0	0	0	0
- 4	0	0	0	0	0
- 5	0	0	0	0	0
Summe der negativen Antworten	0	2	1	1	1

Das bemerkenswerteste Ergebnis zeigt die Aufgliederung nach dem Merkmal der sozialen Schicht: die oberste Schicht bleibt hinsichtlich der Sozialausgaben mit der höchsten Dringlichkeitswertung weit unter, die unterste Schicht weit über dem Durchschnitt. Dagegen findet sich bei den Angehörigen der obersten Schicht keine negative Bewertung der Sozialausgaben (zweite Tabelle auf Seite 51).

Berufsgruppen

	Arbeiter u. Landarb. [%]	Angestellte [%]	Beamte [%]	Selbständige [%]	Landwirte [%]	Rentner [%]
Summe der positiven Antworten	97	96	99	95	90	94
Wichtigkeitsstufe + 5	82	83	82	74	55	84
+ 4	6	6	8	8	9	7
+ 3	4	4	5	9	10	2
+ 2	3	1	2	8	8	-
+ 1	2	2	2	2	8	1
nicht eingeordnet	3	3	1	5	5	6
- 1	0	1	0	0	2	0
- 2	0	1	0	0	1	0
- 3	0	0	0	0	1	0
- 4	0	0	0	0	0	0
- 5	0	0	0	0	0	0
Summe der negativen Antworten	0	2	0	0	5	0

Wichtigkeitsstufe	Oberste Schicht [%]	Gehobener Mittelstand [%]	Mittelstand [%]	Kleiner Mittelstand [%]	Unterste Schicht [%]
+ 5	69	76	80	83	91
+ 4	-	11	8	7	2
+ 3	15	6	7	3	1
+ 2	8	2	2	3	1
+ 1	8	3	2	3	1
- 1 bis - 5	-	2	1	1	2

Die sozial schwachen Schichten lassen also eine relativ starke Bewertung der Sozialausgaben erkennen. Damit ist aber nicht ohne weiteres auf ein stärkeres Sicherheitsbedürfnis dieser Schichten zu schließen. "Große Gruppen der Gesellschaft sind, was die Sicherheit ihrer Lebenslage anlangt, heute in stärkstem Maße von Prozessen abhängig, die der einzelne für sich allein nicht meistern kann. Natürlich können sich daraus psychische Prozesse entwickeln; das Sicherungsanliegen kann intensiv werden, und die persönliche Aktivität kann nachlassen. Aber ob das zutrifft, muß besonders untersucht werden. Viel spricht dafür, daß das Nachlassen der Wagnisbereitschaft eine allgemeine Erscheinung des Zeitgeistes ist"[29].

Die Untersuchung hat auch die Annahme bestätigt, daß die <u>Haushaltsgröße</u> von Einfluß auf die Schätzung der Sozialleistungen ist. Die Lebenslage einer Person wird nicht nur von deren Individualeinkommen bestimmt, sondern ebensosehr vom Gesamteinkommen des Haushalts. Mit zunehmender Zahl der einen Haushalt bildenden Personen nimmt die Dringlichkeitsschätzung der Sozialausgaben an Intensität ab:

	Haushaltsgröße		
	1 bis 3 Personen [%]	4 Personen [%]	5 und mehr Personen [%]
Höchste Dringlichkeitsbewertung der Sozialausgaben (+5)	84	81	77

Negative Bewertungen finden sich nur bei Befragten, die Haushalten angehören, die aus 4 und mehr Personen bestehen.

Die allgemeine nachdrückliche Schätzung der Sozialausgaben wird auch in anderem Zusammenhang deutlich. Von denjenigen Befragten, die die Sozialausgaben positiv bewerten, halten nur 1,7 % eine Senkung der Sozialausgaben für möglich. Bedeutend höher ist dieser Prozentsatz bei denjenigen, die den staatlichen Sozialleistungen negativ gegenüberstehen: er beträgt hier 21 %.

<u>Informiertheit, hoch und niedrig geschätzte Sozialausgaben</u>

Die Frage nach den höchsten und niedrigsten Staatsausgaben ergab, daß 32 % der Befragten die Sozialausgaben für den größten, 34 % für den niedrigsten Ausgabeposten des Staatshaushalts halten. Eindeutige Determinanten in bezug auf das Ergebnis der Schätzung lassen sich dabei nicht

---

29. WEISSER, G., Artikel "Wirtschaft", in: Handbuch der Soziologie, Bd. 2, Stuttgart 1956, S. 1087

feststellen. Nur bei einzelnen Merkmalen ergeben sich Hinweise auf Einflußgrößen. So z.B. stellen die Arbeiter, die mit 39 % am Sample vertreten sind, nur 31 % all derer, die die Sozialausgaben für den größten Ausgabeposten halten. Eine ähnliche Relation besteht bei den Rentnern. Die Beamten dagegen halten diese Ausgabenkategorie häufiger für "hoch" als der Durchschnitt der Befragten.

Aufgliederung nach	Beteiligung am Sample [%]	Hoch geschätzte Sozialausgaben [%]	Niedrig geschätzte Sozialausgaben [%]
Beruf			
Arbeiter	39	31	38
Angestellte	13	17	14
Beamte	8	14	8
Selbständige	12	16	12
Landwirte	9	10	8
Landarbeiter	2	1	2
Rentner	17	11	18
Alter			
16 b. unter 25 Jahre	18	16	15
25 b. unter 30 Jahre	8	7	8
30 b. unter 50 Jahre	38	38	38
50 b. unter 65 Jahre	24	27	25
65 und mehr Jahre	11	10	13
Keine Angaben	1	2	1
Haushaltseinkommen (monatl. netto)			
unter 260,-- DM	12	12	11
260,-- DM b.u. 390,-- DM	22	20	20
390,-- DM b.u. 600,-- DM	32	31	33
600,-- DM und mehr	21	27	22
Keine Angaben	13	10	14

Befragte, die Haushaltungen mit relativ hohem Einkommen angehören, wissen häufiger, daß die Sozialausgaben "hoch" sind.

Sozialausgaben und Staatseinstellung

Stellt man die Frage, ob zwischen der Einschätzung der Sozialausgaben (nach Höhe und Wichtigkeit) und der Staatseinstellung[30] ein Zusammenhang besteht, so zeigt sich, daß diejenigen, die die Sozialausgaben für hoch halten, eine positivere Staatseinstellung zeigen als diejenigen, die die Sozialausgaben für gering halten:

	Staatseinstellung			
	Zustimmung [%]	Eingeschränkte Zustimmung [%]	Ablehnung [%]	Keine Angaben [%]
hoch geschätzte Sozialausgaben	72	20	2	6
niedrig geschätzte Sozialausgaben	53	25	15	15

Auch dies Ergebnis läßt den Schluß zu, daß es sich bei denjenigen, die die Sozialausgaben noch immer für "niedrig" halten, wenigstens zum Teil um eine "chronisch" unzufriedene und weitgehend nicht-integrierte Gruppe der Bevölkerung handelt.

Zu einem ähnlichen Ergebnis führt die Korrelation mit der Antwort auf die Frage nach dem Steuergegenwert.

	Steuergegenwert		
	Kein voller Gegenwert [%]	Voller Gegenwert [%]	Keine Angaben [%]
hoch geschätzte Sozialausgaben	54	42	4
niedrig geschätzte Sozialausgaben	69	22	9

Unsere Vermutung wird weiter durch die Interpretation des Bedeutungsgehaltes des Wortes "Steuer" in der öffentlichen Meinung gestützt:

---

30. Die Staatseinstellung (= Staatsbewußtsein, Einstellung zum Staat) wurde in der hier zugrundeliegenden Umfrage durch eine ganze Reihe von Fragen ermittelt und in der Auswertung schließlich so definiert, daß sich drei Gruppen bilden ließen: Zustimmung - eingeschränkte Zustimmung - Ablehnung.

negative Assoziationen verbinden sich mit dem Wort "Steuer" insbesondere bei denjenigen Befragten, die die Sozialausgaben für niedrig halten:

	Bedeutung des Wortes "Steuern"			
	Beitragen [%]	Abgeben [%]	Wegnehmen [%]	Keine Angaben [%]
hoch geschätzte Sozialausgaben	34	47	19	-
niedrig geschätzte Sozialausgaben	22	33	45	-

Möglichkeit der Ausgabensenkung

Der feste Ort der Sozialausgaben in der öffentlichen Meinung wird bestätigt durch die Antwort auf die Frage nach der Möglichkeit der Ausgabensenkung. Hier scheint der Besitzstand unantastbar. Nur 2 % der Befragten halten es für möglich, daß der Staat am ehesten die Sozialausgaben einschränken könne, während die Besatzungskosten mit 50 %, Verteidigungsausgaben mit 46 % und Ausgaben für öffentliche Bauten und Personal mit je 29 und 25 % an der Spitze liegen. Zum Vergleich:

Möglichkeiten der Ausgabensenkung

Besatzungskosten	50 %
Verteidigung	46 %
Ausgaben für öffentliche Bauten und Verwaltungsgebäude	29 %
Personalausgaben	25 %
Grüner Plan	16 %
Sozialausgaben	2 %
Ausgaben für Kultur und Wissenschaft	1 %
Ausgaben für Straßenbau	1 %
Keine Angaben	3 %

Gliedert man die Antworten nach Berufen auf, so weichen die Landwirte in bemerkenswerter Weise vom Durchschnitt ab. 9 % dieser Berufsgruppe halten die Senkung der Sozialausgaben für möglich, während Beamte, Arbeiter und Landarbeiter nur mit je 2 %, Selbständige und Rentner mit je 1 % diese Möglichkeit in Erwägung ziehen.

b) Kultur und Wissenschaft

Gelten die Sozialausgaben des Staates in der öffentlichen Meinung geradezu als Selbstverständlichkeit und mag dies auch wenig erstaunlich sein, so ist doch nicht ohne weiteres zu erwarten, daß die Ausgaben für Kultur und Wissenschaft in der Skala der Wichtigkeit den nächsten Platz einnehmen: 92 % der Befragten halten diesen Verwendungszweck für wichtig, nur 4 % für unwichtig. Man kann diesen Tatbestand durch verschiedene Hypothesen zu erklären suchen. Die technische Entwicklung in den Ländern des Ostblocks, die der Bevölkerung in sehr sinnfälligen Formen zum Bewußtsein gebracht wurde, hat in der Presse den Ruf nach Wissenschaftsförderung nicht mehr verstummen lassen. Die Frage nach Kultur und Wissenschaft spricht aber auch das Prestige des Befragten an: niemand neigt dazu, sich von dieser Forderung auszuschließen. Eine solche Frage berührt gesellschaftliche Konventionen und stellt an die Interviewtechnik besondere Anforderungen[31].

Immerhin zeigt sich im Gegensatz zu der Meinung über die Sozialausgaben eine stärkere Differenzierung innerhalb der Dringlichkeitsbewertung. Gegenüber 78 % bei den Sozialausgaben erkennen nur 53 % der Befragten den Ausgaben für Kultur und Wissenschaft die <u>höchste</u> Dringlichkeitsstufe zu:

Ausgaben für Kultur und Wissenschaft	Insgesamt [%]	Männer [%]	Frauen [%]
Alle Positiven	92	93	91
+ 5	53	52	54
+ 4	13	15	12
+ 3	11	10	11
+ 2	8	7	7
+ 1	7	9	7
nicht eingeordnet	4	3	5
− 1	2	2	2
− 2	1	1	0
− 3	0	0	0
− 4	0	0	1
− 5	1	1	1
Alle Negativen	4	4	4

---

31. SHEATSLY, P.B., Die Kunst des Interviewens, in: Das Interview, a.a.O., S. 125 ff.

Wie bei den Sozialausgaben, soll auch an dieser Stelle eine Analyse nach verschiedenen Merkmalen folgen, die, bei ungefähr gleicher Rangordnung im Durchschnitt, doch verschiedene Faktoren und Schwergewichte in der Bewertung dieser öffentlichen Ausgaben deutlich macht.

Berufe

Die positive Wertschätzung von Ausgaben für Kultur und Wissenschaft ist am höchsten bei den Beamten (98 %), am geringsten bei den Landwirten (86 %). Die Anteile der negativen Antworten entsprechen diesem Verhältnis mit 1 und 8 %, das Ausmaß der "Unentschiedenen" beträgt bei den Beamten 1 %, bei den Landwirten (und bei den Rentnern) 6 %. Diese Relationen kehren wieder bei der Bewertung innerhalb der den Befragten vorgelegten Dringlichkeitsskala. Die Antworten der Landwirte liegen auch hier beim Minimum: der höchsten Wichtigkeitsstufe stimmen nur 38 % zu (gegenüber 62 % dieser Berufsgruppe beim "Grünen Plan").

Ausgaben für Kultur und Wissenschaft	Arbei- [%]	Ange- stell- [%]	Beamte [%]	Selbstän- dige [%]	Land- wirte [%]	Rent- ner [%]
Alle Positiven	91	95	98	92	86	89
+ 5	49	61	67	57	38	53
+ 4	14	12	14	15	10	13
+ 3	11	11	14	11	12	8
+ 2	8	4	2	2	12	8
+ 1	9	7	1	7	14	7
Nicht eingeordnet	3	2	1	4	6	6
- 1	2	1	1	2	4	3
- 2	1	-	-	1	1	-
- 3	1	-	-	-	1	-
- 4	-	1	-	1	1	1
- 5	2	1	-	-	1	1
Alle Negativen	6	3	1	4	8	5

Altersschichten

Die Streuung der Antworten nach dem Merkmal des Alters ist nur wenig differenziert. Unter dem Durchschnitt liegen die Gruppen von 16 bis 30 Jahre und über 65 Jahre.

Einkommensspezifische Beurteilungen der Ausgaben für Kultur und Wissenschaft sind nicht erkennbar. Deutlich dagegen sind die Ergebnisse bei der Klassifizierung nach Schichten. Während die oberste Schicht diesen Ausgaben vorbehaltlos zustimmt, geht die Wertschätzung mit abnehmender sozialer Stellung zurück:

Ausgaben für Kultur und Wissenschaft	Oberste Schicht [%]	Gehobener Mittelstand [%]	Mittelstand [%]	Kleiner Mittelstand [%]	Untere Schicht [%]
positive Stellungnahme + 5	84	70	55	50	59
+ 4	8	11	15	15	10
+ 3	8	9	14	11	7
+ 2	-	3	7	8	7
+ 1	-	4	7	10	9
negative Stellungnahme insgesamt	-	3	2	6	7

Bei der Aufgliederung nach der Schulbildung erweisen sich die Befragten mit Abitur als den Ausgaben für Kultur und Wissenschaft am positivsten gegenüberstehend:

	Schulbildung		
	Volksschule [%]	Mittelschule [%]	Abitur [%]
Positive Stellungnahmen + 5	52	62	73
+ 4	13	14	15
+ 3	11	12	5
+ 2	8	5	4
+ 1	10	5	1
negative Stellungnahmen insgesamt	6	2	1

Informiertheit

Die Frage nach der Höhe der tatsächlichen Ausgaben führt zu dem Ergebnis, daß 2 % der Befragten diese Ausgaben für den größten, 46 % für den geringsten Betrag halten. Damit nehmen die Ausgaben für Kultur und Wissenschaft in der Schätzung des tatsächlichen Aufwandes die letzte Stelle ein.

In der Einschätzung der Höhe der Ausgaben ist eine signifikante Differenzierung nach Berufen nicht festzustellen:

	Beteiligung am Sample [%]	Der Staat gibt am meisten Geld aus für Kultur u. Wissenschaft [%]	Der Staat gibt am wenigsten Geld aus für Kultur und Wissenschaft [%]
Arbeiter	39	26	39
Angestellte	13	14	16
Beamte	8	11	9
Selbständige	12	14	13
Landwirte	9	3	6
Landarbeiter	2	6	1
Rentner	17	26	16
	100	100	100

Aufschlußreicher ist die Analyse der Antworten unter dem Gesichtspunkt der Schulbildung:

	Beteiligung am Sample [%]	Für "hoch" gehalten [%]	Für "niedrig" gehalten [%]
Volksschule	79	83	74
Mittelschule	15	17	18
Abitur	4	-	5
Hochschule	1	-	2
Keine Angaben	1	-	1
	100	100	100

Hier wird die Abhängigkeit der Information vom Interesse deutlich, das in den Bildungsschichten in bezug auf diese Frage größer als in anderen Gruppen ist.

Eine ähnliche Feststellung läßt sich bei der Aufgliederung nach <u>Schichten</u> treffen. Während oberste Schicht und gehobener Mittelstand zusammengefaßt mit 10 % die Ausgaben für Kultur und Wissenschaft als "niedrig" einschätzen, beträgt der Anteil der hohen Schätzungen 6 %.

Positive Wertschätzung der Kulturausgaben verbindet sich vorwiegend mit der richtigen Vorstellung, daß diese Ausgaben nur eine geringe Größenordnung aufweisen: Von denjenigen Befragten, die positiv Stellung nahmen, waren 49 % der Meinung, daß die Kulturausgaben niedrig, dagegen nur 1,5 % der Ansicht, daß diese hoch seien. Das Ausmaß der Meinungsintensität läßt sich daraus ablesen, daß von denjenigen, die sie als niedrig einschätzen, nur 0,44 % eine Senkung der Ausgaben für Kultur und Wissenschaft für möglich hielten.

c) Straßenbau

Als eine weitere "Selbstverständlichkeit" erweisen sich in der öffentlichen Meinung die Ausgaben für Straßenbau. Hier stehen hinsichtlich der Wichtigkeit 90 % positive Antworten (davon Männer 93 %, Frauen 87 %) 6 % negativen gegenüber.

Vor der Analyse nach allgemeinen sozialen Merkmalen sei hier auf den Einfluß hingewiesen, den die Eigenschaft als Kraftfahrzeugfahrer auf die Einschätzung der Wichtigkeit der Straßenbauausgaben ausübt. Die im Ganzen positive Stellungnahme zeigt eine deutliche interne Differenzierung, die darin zum Ausdruck kommt, daß der Anteil der Kraftfahrzeugfahrer an der relativ hohen Einschätzung mit abnehmender Dringlichkeitsskala ebenfalls abnimmt. Die Korrelation wird ohne weiteren Hinweis deutlich (siehe erste Tabelle auf Seite 61).

Daß der Faktor "Kfz-.Fahrer" für die Einstellung zu den Straßenbauausgaben maßgeblich ist, nicht etwa der Beruf, macht folgende Tabelle deutlich, die eine Differenzierung, wie sie die Analyse der Kfz.-Fahrer deutlich machte, nicht aufweist.

Einschätzung der Wichtigkeit der Ausgaben für Straßenbau

Einschätzung		Verteilung der Antworten auf Kfz.-Fahrer [%]
Positiv	+ 5	60
	+ 4	16
	+ 3	13
	+ 2	5
	+ 1	5
Negativ	- 1	1
	- 2	-
	- 3	-
	- 4	-
	- 5	-
		100

Ausgaben für Straßenbau	Arbeiter u. [%]	Angestell- [%]	Beamte [%]	Selbständige [%]	Landwirte [%]	Rentner [%]
Alle Positiven	92	92	94	91	89	86
+ 5	43	48	51	49	42	39
+ 4	15	15	14	16	16	14
+ 3	16	18	15	16	9	13
+ 2	7	6	6	3	9	11
+ 1	11	5	8	7	13	9
Nicht eingeordnet	3	3	2	6	6	6
- 1	3	3	2	3	2	3
- 2	1	1	-	-	1	1
- 3	-	1	-	-	-	1
- 4	-	-	1	-	-	-
- 5	1	-	1	-	-	3
Alle Negativen	5	5	4	3	3	8

Der Zusammenhang zwischen der Wertschätzung der Straßenbauausgaben und der Einkommenshöhe zeigt eine ähnliche Korrelation, wie sie bei den Kraftfahrzeugfahrern bestand:

		bis 130,- [%]	130,- bis 175,- [%]	175,- bis 220,- [%]	220,- bis 260,- [%]	260,- bis 300,- [%]	300,- bis 350,- [%]	350,- bis 390,- [%]	390,- bis 500,- [%]	500,- bis 600,- [%]	600,- bis 750,- [%]	über 750,- [%]
Positive Stellungnahme	+5	28	30	27	46	41	31	41	43	50	50	59
	+4	5	20	15	15	16	19	21	15	18	13	14
	+3	16	15	14	18	21	20	13	19	14	17	12
	+2	16	17	4	7	8	8	10	8	6	7	7
	+1	30	15	17	7	8	13	10	10	8	8	6
Negative Stellungn. insges. (-1 bis -5)		5	2	23	7	6	9	5	5	4	5	2

Die beiden Merkmale "hohes Einkommen" und "Kraftfahrzeugfahrer" fallen teilweise zusammen: 48 % derjenigen Personen, deren monatliches Familieneinkommen 600,-- DM netto übersteigt, sind Kraftfahrzeugfahrer.

Die Meinungsintensität der Gruppe der Kraftfahrer in bezug auf die Frage der Straßenbauausgaben ist hoch: die Meinung wird auch in Zusammenhang mit anderen Fragen beibehalten. So stellen die Kraftfahrer 14 % derjenigen Befragten, die eine Senkung der Ausgaben für den Straßenbau für möglich halten.

Frage: "Welche Ausgaben könnte der Staat am ehesten einschränken?"

Straßenbau (insges. 0,5 %)

    Kraftfahrer   14 %
    andere   86 %
                 100 %

Von denjenigen Befragten, die eine derartige Ausgabensenkung für möglich halten, hatten 60 % die Wichtigkeit der Straßenbauausgaben negativ beurteilt.

Das besondere Interesse, das hier eine durch ein besonderes Merkmal
gekennzeichnete Gruppe bestimmten Staatsausgaben entgegenbringt, könnte
für die praktische Finanzpolitik Anlaß sein, das Problem der Zweck-
bindung bestimmter Einnahmen unter dem Gesichtspunkt einer Verminderung
des Steuerwiderstandes erneut zu durchdenken.

d) Personalausgaben, öffentliche Bauten und Verwaltungsgebäude

Personalausgaben und Verwaltungsbauten stehen für weite Bevölkerungs-
teile stellvertretend für die staatlichen Lasten. Die "Beamteninflation"
ist in Presse und öffentlicher Meinung häufig Gegenstand der Kritik[32].

Indessen sind die Ergebnisse einer Meinungsbefragung in starkem Maße
von der Fragestellung abhängig. Worte wie "Ministergehälter" üben eine
Suggestivwirkung aus, die das Ergebnis der Befragung in eine bestimmte
Richtung drängen. So ergab eine Umfrage für das Jahr 1956, die die
Meinungen über verschiedene Ausgabearten ermitteln sollte, daß 36 % der
Antworten die Ministergehälter, dagegen nur 20 % die Gehälter für Beamte
und Behördenangestellte als größten Posten der Staatsausgaben ansahen:

Frage: "Was kostet (Ihrer Schätzung nach) den Staat am meisten Geld?"[33]

	Juni 1956 [%]
Die Besatzungskosten	47
Die <u>Ministergehälter</u>	36
Die Bauten in Bonn	27
Die Bundeswehr	27
<u>Gehälter für Beamte und Behördenangestellte</u>	20
Sozialausgaben: Renten, Unterstützungen	20
Subventionen, die vom Staat bezahlt werden, um die Lebensmittelpreise stabil zu halten	3
Keine Meinung hatten	3
	182

---

32. SERVAIS, J.L., Die Besoldung in der öffentlichen Finanzwirtschaft,
    in: Handbuch der Finanzwissenschaft, Band 2, Tübingen 1956,
    S. 75 f.
33. Jahrbuch der öffentlichen Meinung 1957, Hrsg. v. NOELLE, E. und
    E.P. NEUMANN, Verlag für Demoskopie. Allensbach/Bodensee 1957,
    S. 200

Die unserer Darstellung zugrundeliegende Untersuchung, die sich einer neutralen Fragestellung bediente, ermittelte die Stellung der Personalausgaben an 7. und die für öffentliche Bauten an 8. Stelle:

	Hoch geschätzte Ausgaben [%]	Niedrig geschätzte Ausgaben [%]
Soziale Ausgaben	32	34
Wissenschaft und Kultur	2	46
Grüner Plan	6	12
Besatzungskosten	29	3
Verteidigung	61	4
Personalausgaben	19	7
Öffentliche Bauten und Verwaltungsgebäude	18	5
Straßenbau	3	26

Hohe oder niedrige Personalausgaben?

Die Ausgaben für Personal werden insbesondere in den unteren Einkommensgruppen als "hoch" angenommen. Der Anteil der höheren Einkommensempfänger bleibt im Verhältnis zu ihrer Beteiligung am Sample zurück. Das Urteil dieser Gruppe erscheint ausgewogener. Die gleiche Tendenz, entsprechend im umgekehrten Sinne, wird bei der Analyse der "niedrig" schätzenden Antworten sichtbar:

Einkommensgruppen monatlich netto	An der Gesamtheit vertreten [%]	Personalausgaben hoch geschätzt [%]	Personalausgaben niedrig geschätzt [%]
unter DM 260,--	12	9	6
DM 260,-- bis DM 390,--	22	16	15
DM 390,-- bis DM 600,--	32	26	32
über DM 600,--	21	35	37
Keine Angaben	13	14	10
	100	100	100

Aufgeschlüsselt nach Berufen weichen die Gruppen der Landwirte und der Beamten von ihrer Beteiligung am Sample ab. Die Landwirte zeigen eine gegenüber den Personalausgaben besondere Empfindlichkeit: mit 9 % am

Sample vertreten, machen sie 14 % derer aus, die diese Ausgabenkategorie als den größten und nur 4 % derer, die sie als den niedrigsten Haushaltsposten einstuften. Das mag einmal mit der Eigenart der Einschätzung der Arbeit durch die Landwirte, insbesondere solcher Arbeit, die dem unmittelbaren Produktionsprozeß enthoben ist, zusammenhängen, darüber mit einer gewissen Staatsverdrossenheit, die bei ihnen auch sonst relativ häufig zu finden ist. Die Gruppe der Beamten, mit 8 % an der Gesamtheit beteiligt, stellt 16 % derer, die die Personalausgaben "niedrig", 6 % derer, die sie "hoch" einschätzen. Hier kann die Hypothese ausgesprochen werden, daß sich darin die Selbsteinschätzung einer Gruppe widerspiegelt, die darauf bedacht ist, ihre Forderungen nicht als allzu groß erscheinen zu lassen.

<u>Personalausgaben und Staatseinstellung</u>

Niedrige Schätzung der Ausgaben für Verwaltung und öffentliche Bauten verbindet sich mit positiver Staatseinstellung. In gleicher Weise besteht eine Korrelation von niedriger Schätzung und positiver Meinung über den Steuergegenwert.

	Staatseinstellung			
	Zustimmung [%]	Eingeschr. Zustimmung [%]	Ablehnung [%]	Keine Angaben [%]
<u>Hoch geschätzte</u> Personalausgaben	55	27	5	13
Ausgaben für öffentliche Bauten u. Verwaltungsgebäude	58	28	3	11
<u>Niedrig geschätzte</u> Personalausgaben	74	23	1	2
Ausgaben für öffentliche Bauten u. Verwaltungsgebäude	67	19	4	10

Die <u>Senkung der Personalausgaben</u> halten insgesamt 15 % der Befragten für möglich. Von diesem Personenkreis hatten 43 % die Personalausgaben als den größten, 4 % als den niedrigsten Ausgabeposten geschätzt. Auch hier ist eine hohe Einschätzung der Ausgaben mit negativer Bewertung des Zwecks verbunden.

	Steuergegenwert		
	Kein voller Gegenwert [%]	Voller Gegenwert [%]	Keine Angaben [%]
<u>Hoch geschätzte</u> Personalausgaben	71	21	8
Ausgaben für öffentliche Bauten u. Verwaltungsgebäude	69	24	7
<u>Niedrig geschätzte</u> Personalausgaben	60	38	2
Ausgaben für öffentliche Bauten u. Verwaltungsgebäude	39	57	4

Die Staatseinstellung derjenigen, die eine Senkung der Personalausgaben für möglich halten, ist mit 60 % zustimmend, sie ist damit negativer als die Einstellung derjenigen, die die Personalausgaben für niedrig halten.

	Staatseinstellung			
	Zustimmung [%]	Eingeschr. Zustimmung [%]	Ablehnung [%]	Keine Angaben [%]
Befragte, die Senkung der Personalausgaben für möglich halten	60	26	5	9

e) Verteidigung

Auf das hohe Maß der Aktualität der Verteidigungsausgaben in der öffentlichen Meinung wurde bereits hingewiesen. Aber auch in anderer Hinsicht nimmt diese Kategorie der staatlichen Ausgaben eine Sonderstellung ein: Läßt man die Besatzungskosten einmal außer Betracht, so werden die Ausgaben des Verteidigungshaushaltes zu den unwichtigsten Ausgaben überhaupt erklärt; andererseits aber hält die Mehrzahl der Befragten die Verteidigungsausgaben für den größten Posten des Staatshaushalts.

"Hoch" und "niedrig" eingeschätzte Verteidigungsausgaben

Die höchste Einschätzung der Verteidigungsausgaben tritt bei den Arbeitern und Rentnern auf. Beamte und Selbständige bleiben hinter dem Durchschnitt zurück. Die Aufschlüsselung nach Ländern ergibt, daß die Schätzungen in Schleswig-Holstein, Hamburg und Rheinland-Pfalz besonders hoch ausfallen. Niedrige, unter dem Durchschnitt liegende Schätzungen sind in Bayern und Baden-Württemberg festzustellen.

Wichtigkeit der Verteidigungsausgaben

Wie bereits bemerkt wurde, nehmen die Ausgaben für Verteidigung in der Beurteilung nach der Wichtigkeit in der öffentlichen Meinung neben den Besatzungskosten die letzte Stelle ein: 38 % halten diese Ausgaben für wichtig, 57 % für unwichtig; 5 % nehmen nicht Stellung:

Verteidigung	Insgesamt [%]	Männer [%]	Frauen [%]
Alle Positiven	38	42	5
+ 5	6	7	5
+ 4	4	5	3
+ 3	6	6	6
+ 2	6	6	6
+ 1	16	18	15
Nicht eingeordnet	5	4	5
- 1	13	12	15
- 2	6	6	6
- 3	5	5	5
- 4	4	4	3
- 5	29	27	31
Alle Negativen	57	54	60

Dabei ist nicht nur die Summe der negativen und positiven Antworten an sich beachtlich, interessanter noch ist die Verteilung der Antworten innerhalb der Dringlichkeitsskala: die Mehrzahl der Stimmen liegt bei den beiden unteren Extremen der Skalen (+ 1 und - 5), wobei + 1 schon fast als ein "Unentschieden" zu werten ist, jedenfalls nicht in dem Maße positiv ist wie - 1 negativ ist.

Beruf, Einkommen und Schulbildung

Die meisten zustimmenden Antworten finden sich bei den Beamten und Landwirten, die wenigsten bei den Arbeitern, Landarbeitern und Rentnern. Bei den Arbeitern einschließlich Landarbeitern beträgt die Ablehnung 66 %, die Zustimmung 31 %. Noch deutlicher ist die Abhängigkeit der Zustimmung zu den Verteidigungsausgaben von der Einkommenshöhe, sowohl im bezug auf das Gesamtergebnis als auch auf die Verteilung der Antworten innerhalb der Dringlichkeitsskala (die unentschiedenen Antworten bleiben unberücksichtigt):

Verteidigung	Einkommen			
	unter 260,- [%]	260,- bis u. 390,- [%]	390,- bis u. 600,- [%]	über 600,- [%]
Alle Positiven	37	37	39	41
+ 5	6	4	5	7
+ 4	4	2	3	4
+ 3	4	5	6	9
+ 2	3	5	8	6
+ 1	20	21	17	15
- 1	17	14	13	15
- 2	1	7	7	6
- 3	6	5	8	4
- 4	3	4	4	5
- 5	36	33	29	19
Alle Negativen	63	63	61	59

Mit steigendem Einkommen nimmt die Ablehnung der Verteidigungsausgaben ab, die Zustimmung wächst.

In Hinsicht auf die Schulbildung ergab die Umfrage, daß die Verteidigungsausgaben die geringste Zustimmung bei den Volksschülern finden:

Verteidigung	Volksschule [%]	Mittelschule [%]	Abitur [%]	Hochschule [%]
Zustimmung	37	52	57	52
Ablehnung	63	48	43	48

Staatseinstellung

Die naheliegende Annahme, daß zwischen Bejahung und Ablehnung der Verteidigungsausgaben und der Staatseinstellung ein Zusammenhang besteht, hat die Umfrage bestätigt:

Verteidigung	Staatseinstellung			
	Zustimmung [%]	Eingeschr. Zustimmung [%]	Ablehnung [%]	Keine Angaben [%]
+ 5	75	15	2	8
+ 4	74	18	-	8
+ 3	78	17	1	4
+ 2	71	17	1	4
+ 1	71	18	2	9
- 1	64	21	3	12
- 2	67	16	4	13
- 3	60	23	4	13
- 4	52	26	4	18
- 5	47	28	9	16

Mit abnehmender Bewertung der Ausgaben innerhalb der Skala vermindert sich der Anteil der Befragten mit positiver Staatseinstellung, während der Stimmenanteil der Befragten mit ablehnender Staatseinstellung zunimmt.

Meinungsfestigkeit

Über den Grad der Meinungsfestigkeit lassen sich Aussagen machen, indem die Meinungen zu bestimmten Fragen mit anderen Befragungsergebnissen in Korrelation gebracht werden. So ergab eine Analyse der Antworten, die die Senkung der Verteidigungsausgaben für möglich hielten, einen sichtbaren Zusammenhang mit der Bewertung dieser Ausgabenkategorie. Diejenigen, die die Verteidigungsausgaben für sehr wichtig halten, halten eine Senkung nicht für möglich im Gegensatz zu denjenigen, die den Wehretat ablehnen.

Bewertung der Ver- teidigungsausgaben	Der Staat könnte am ehesten Verteidigungsausgaben senken [%]
+ 5	15
+ 4	15
+ 3	28
+ 2	28
+ 1	36
- 1	48
- 2	53
- 3	65
- 4	74
- 5	71

4. Subventionen

In der Beurteilung durch die Wirtschaftswissenschaft gehören die Subventionen zu denjenigen Mitteln der Intervention, die der häufigsten Kritik ausgesetzt sind, bedingt durch ihre außerökonomische Motiviertheit und die Tatsache, daß die konstruktive Rückständigkeit des Subventionsrechts ein breites Einfallstor für Ermessensfreiheiten und mißbräuchliche Anwendungen eröffnet[34]. Nichtsdestoweniger spielt die Subventionspraxis in der gegenwärtigen Wirtschaftsordnung eine nicht geringe Rolle. Ihre Problematik wird von der öffentlichen Meinung in recht deutlicher Weise reflektiert. 65 % der Befragten zeigten sich über die Tatsache, daß aus der Staatskasse bestimmten Wirtschaftsbereichen öffentliche Gelder zufließen, unterrichtet. Zustimmung findet die Subventionierung nur bei 51 % der Befragten; von 45 % wird sie abgelehnt.

Informiertheit

Die Frage: "Haben Sie davon gehört, daß der Staat bestimmte Wirtschaftszweige mit Geld unterstützt, die nicht allein aus eigener Kraft bestehen können?" wurde in folgender Weise beantwortet:

---

34. MEINHOLD, W., Artikel "Subventionen", in Handwörterbuch der Sozialwissenschaften, 19. Lieferung, 1958

	Davon gehört [%]	Nicht davon gehört [%]	Keine Angaben [%]
Insgesamt	65	33	2
Männer	79	20	1
Frauen	52	46	2
Berufsgruppen			
Arbeiter u. Landarb.	57	42	1
Angestellte	69	28	28
Beamte	82	17	1
Selbständige	86	12	2
Landwirte	82	17	1
Rentner	52	52	47
Befragte, die Zeitungen			
regelmäßig lesen	75	24	1
gelegentlich lesen	58	41	1
nicht lesen	42	56	2

Gut unterrichtet zeigen sich die Selbständigen, die Landwirte und die Beamten. Unter den Arbeitern ist diese Kenntnis der staatlichen Subventionen nur bei ungefähr der Hälfte dieser Gruppe verbreitet. Das Maß der Informiertheit erweist sich auch bei dieser Frage wieder als von der Tatsache abhängig, ob der Befragte Zeitungsleser ist oder nicht.

Diejenigen Befragten, die davon gehört hatten, daß der Staat bestimmte Wirtschaftszweige mit Geld unterstützt, halten folgende Wirtschaftszweige für subventioniert: (s. erste Tabelle auf S. 72).

Der Katalog umfaßt nahezu alle Wirtschaftszweige. Die meisten Antworten entfallen auf die Land- und Forstwirtschaft. Mit großem Abstand folgt an zweiter Stelle der Bergbau.

Information und Zustimmung

Auf die Frage: "Halten Sie es grundsätzlich für richtig, daß der Staat einzelne Wirtschaftszweige mit Geld unterstützt?" antworteten 51 % der Befragten mit Ja, 45 % mit Nein. 4 % machten keine Angaben. Dieses Ergebnis zeigt, daß die Frage der Subventionen in unserer Gesellschaft

	Berufsgruppen								
	Insgesamt [%]	Männer [%]	Frauen [%]	Arb. u. Landarb. [%]	Angest. [%]	Beamte [%]	Selbständige [%]	Landwirte [%]	Rentner [%]
Land-, Forstwirtschaft, Winzer	53	66	41	45	61	67	72	70	42
Bergbau	8	10	6	7	9	14	15	19	5
Industrie	5	7	3	4	4	7	7	8	7
Bauwirtschaft, Wohnungsbau	5	4	5	6	11	15	9	11	6
Bundesbahn, Verkehr, Luftfahrt	4	5	3	3	6	6	7	5	2
Schiffsbau, Schiffahrt	3	4	2	3	3	6	4	1	2
Handwerker	2	2	2	1	2	2	1	4	1
Sonstige Angaben: Post, Kultur, Flüchtlinge, Schulen, Universitäten, Theater, Bundeswehr	2	2	1	2	2	2	2	2	1
Keine Angaben	0	1	0	0	0	1	1	1	-

"noch nicht in allgemeinverbindlicher Weise"[35] gelöst ist. Es erfüllt die von HOFSTÄTTER angegebenen Bedingungen für einen hohen Aktualitätsgrad[36].

Unter den Berufsgruppen sind es die Landwirte, die den staatlichen Subventionen am meisten zustimmen. Die Selbständigen der anderen Wirtschaftszweige zeigen eine Haltung, die dem Durchschnitt der Meinungen entspricht. Unter dem Durchschnitt liegen die Antworten der Arbeiter und Rentner.

---

35. HOFSTÄTTER, P.R., Einführung in die Sozialpsychologie, a.a.O., S. 134 f.
36. HOFSTÄTTER, R.P., Einführung in die Sozialpsychologie, a.a.O., S. 134 f.

	Ja [%]	Nein [%]	Keine Angaben [%]	[%]	Basis
Insgesamt	51	45	4	100	1986
Männer	54	42	4	100	975
Frauen	47	48	5	100	1011
Berufsgruppen					
Arbeiter u. Landarb.	43	53	4	100	815
Angestellte	52	44	4	100	263
Beamte	62	34	4	100	162
Selbständige	53	43	4	100	224
Landwirte	85	13	2	100	183
Rentner	43	52	5	100	335
Familieneinkommen (monatlich netto)					
unter DM 260,--	48	49	3	100	224
DM 260,-- b.u. DM 390,--	42	54	4	100	430
DM 390,-- b.u. DM 600,--	52	44	4	100	635
DM 600,-- oder mehr	58	39	3	100	419

Bei der Frage der staatlichen Subventionen erweist sich mit besonderer Deutlichkeit der in dieser Untersuchung schon mehrfach hervorgehobene Tatbestand der Interdependenz von Kenntnis und Zustimmung. Von denjenigen Befragten, die den Subventionen grundsätzlich zustimmen, waren 79 % informiert, von denjenigen, die Subventionen ablehnen nur 51 %.

	Über Subventionen informiert [%]	Über Subventionen nicht informiert [%]	Keine Angaben [%]
Subventionen werden für richtig gehalten	79	20	1
Subventionen werden abgelehnt	51	48	1

Diejenigen Befragten, die die Subventionen ablehnen, sind demzufolge nur in geringem Maße in der Lage, über die entgegen ihrer Auffassung geübte Subventionspraxis Auskunft zu geben: 45 % der Befragten dieser

Gruppe vermochten nicht anzugeben, welche Wirtschaftszweige unter staatlichem Schutz stehen. Der entsprechende Prozentsatz bei den die Subventionen bejahenden Personen betrug demgegenüber nur 18 %.

Der Zusammenhang zwischen Information und Zustimmung wird auch bei der Beurteilung konkreter Subventionsmaßnahmen sichtbar. Diejenigen Befragten, die sich über die tatsächliche Unterstützung bestimmter Wirtschaftsbereiche als unterrichtet bezeichnen, geben der Subventionierung dieses Wirtschaftszweiges die relativ größte Zustimmung. Dieser Zusammenhang fehlt nur beim Bereich "Industrie". Dies findet seine Ursache darin, daß in der Liste der zu beurteilenden Wirtschaftszweige der Bereich "Industrie" nicht vorgegeben ist.

Im einzelnen ergibt sich folgende Verteilung:

Für tatsächlich subventioniert gehaltene Wirtschaftszweige	Für unterstützungswürdig befundene Wirtschaftszweige									
	Landwirtschaft [%]	Handwerk und Kleingewerbe [%]	Handel [%]	Verkehr [%]	Bergbau [%]	Schiffahrt [%]	Bauwirtschaft [%]	andere Wirtschaftszweige [%]	Keine Angaben [%]	[%]
Landwirtschaft und Winzereien	24	13	3	10	10	6	14	-	20	100
Bergbau	18	11	2	10	27	8	13	-	11	100
Industrie	18	18	5	13	12	7	14	2	11	100
Bauwirtschaft, Wohnungsbau	17	13	5	13	10	8	27	-	7	100
Bundesbahn, Verkehr, Luftfahrt	15	7	6	22	13	11	14	-	12	100
Schiffsbau, Schiffahrt	9	10	4	13	17	18	16	-	12	100
Handwerk	21	23	4	9	6	8	21	1	6	100

5. Der Grüne Plan

Ein besonderes Interesse muß eine Seite subventionspolitischer Aktivität des Staates erwecken, die sich einer relativ geschlossenen Gruppe innerhalb der Volkswirtschaft zuwendet: nämlich der <u>Landwirtschaft</u>. Ist die öffentliche Meinung in der Frage der Subventionen gespalten (51 % Zustimmung, 45 % Ablehnung), so erfreut sich die Landwirtschaft der relativ größten Zustimmung unter allen Wirtschaftszweigen. Unter denjenigen Bereichen, für die eine Subventionsnotwendigkeit anerkannt wird, steht die Landwirtschaft mit Abstand an der Spitze:

Wirtschaftszweige, für die eine staatliche Unterstützung erforderlich gehalten wird	Insgesamt [%]	Männer [%]	Frauen [%]
Landwirtschaft	28	30	26
Bauwirtschaft	17	18	16
Handwerk und Kleingewerbe	16	18	14
Bergbau	13	15	11
Verkehr	12	14	10
Schiffbau	8	10	6
Handel	4	4	4
Andere Wirtschaftszweige	1	1	1
Keine Angaben	2	1	3

Dieses Ergebnis ist überraschend angesichts der Agrarpolitik des Nationalsozialismus, die in romantisch übertriebener Weise die Bauern zur "wertvollsten Gruppe des deutschen Volkes" erklärte und der Antipathie der Stadt gegen das Land, die in den Hungerjahren nach dem Zusammenbruch entstanden ist[37]. Das macht einmal die Kurzlebigkeit der öffentlichen Meinung deutlich, läßt aber andererseits auch in Deutschland die Wirksamkeit einer Vorstellung von der Art der amerikanischen Farmerideologie[38] möglich erscheinen.

Die relative Anerkennung der staatlichen Förderung der Landwirtschaft verbindet sich aber mit der Vorstellung, daß die zu diesem Zweck verwendeten öffentlichen Mittel nur gering sind. Nur 6 % der Befragten

---

37. NIEHAUS, H., Leitbilder der Wirtschafts- und Agrarpolitik in der modernen Gesellschaft, Stuttgart, 1957, S. 43
vgl. Kapitel III, S.
38. NIEHAUS, H.: Artikel "Agrarpolitik, volkswirtschaftlich-politische Problematik", in HdSW, Bd. 1, 1956, S. 88 ff.

halten die Ausgaben des Grünen Planes für den größten Ausgabeposten des Staates. Diese Fehlinformation tritt am meisten bei der Gruppe der Rentner auf. Sie stellen 28 % dieser Antworten, während sie nur mit 17 % am Sample vertreten sind.

Die Landwirte, mit 9 % an der Gesamtheit der Befragten beteiligt, sind mit nur 2 % in der Gruppe vertreten, die sie für den geringsten Ausgabeposten hält. In diesem Verhältnis spiegelt sich, unabhängig von der Informiertheit, eine gewisse Unzufriedenheit und das Interesse der Landwirte, ihren Anteil an den Staatsausgaben als gering erscheinen zu lassen.

Auch bei der Frage, welche Wirtschaftszweige der Staat tatsächlich unterstützt, gibt die Mehrheit den Sektor Landwirtschaft (einschließlich Forstwirtschaft und Weinbau) an.

Vom Staat unter-	Insgesamt [%]	Arbeiter u. Landarb. [%]	Angestellte [%]	Beamte [%]	Selbständige [%]	Landwirte [%]	Rentner [%]
Land- und Forstwirtschaft, Weinbau	53	45	61	67	72	70	42
Industrie	8	7	9	14	15	10	5
Bauwirtschaft, Wohnungsbau	5	4	4	7	7	8	7
Bundesbahn, Verkehr, Luftfahrt	4	3	6	6	7	5	2
Schiffbau, Schiffahrt	3	3	3	6	4	1	2
Handwerk	2	1	2	2	1	4	1
Sonstige Angaben: (Post, Kultur, Flüchtlinge, Schulen, Universitäten, Theater)	2	2	2	2	2	2	1
Keine Angaben	0	-	-	1	1	1	-

Der Zusammenhang zwischen "Meinung" und gruppenegoistischem Interesse wird noch deutlicher bei der Einschätzung der <u>Wichtigkeit</u> der verschiedenen Staatsausgaben. Im Durchschnitt stimmen 56 % der Agrarsubventionen zu. Diese Antworten verteilen sich in folgender Weise auf die verschiedenen Berufsgruppen:

	Arbeiter u. Landarb. [%]	Angestellte [%]	Beamte [%]	Selbständige [%]	Landwirte [%]	Rentner [%]
Alle Positiven	50	54	57	56	89	54
+ 5	9	12	9	12	62	13
+ 4	5	5	7	4	8	5
+ 3	9	8	9	10	9	12
+ 2	9	10	9	11	2	8
+ 1	18	19	23	19	8	16
Nicht eingeordnet	4	3	3	7	6	7
- 1	14	13	9	11	4	14
- 2	4	5	4	6	1	4
- 3	5	5	10	5	-	5
- 4	3	4	2	2	-	1
- 5	20	17	15	13	-	15
Alle Negativen	46	43	40	37	5	30

Die Landwirte selbst halten ihre Sorgen und Wünsche für weitaus wichtiger als alle anderen Befragten; wie freilich die Selbständigen reagiert hätten, wenn sie nach der Wichtigkeit einer Ausgabenkategorie "Mittelstand" gefragt worden wären, steht dahin.

Jedenfalls zeigt euser Ergebnis hier die große Selbstverständlichkeit, mit der die Gruppe der Landwirte ihre Ansprüche an den Staat stellt, und macht deutlich, in welchem Maße tatsächliche oder angebliche Schwierigkeiten dieser Gruppe zur Angelegenheit des Staates erklärt werden.

Die Meinungsintensität der Landwirte hinsichtlich dieser Fragen wird vollends deutlich, wenn man die Frage nach den unterstützungswürdigen Wirtschaftszweigen mit der Meinung über die möglichen Ausgabensenkungen im Rahmen des Staatshaushalts in Verbindung bringt. Von den befragten Landwirten, die den Agrarsektor als subventionswürdigen Wirtschaftszweig betrachten, will nur ein Anteil von weniger als 1 % (in der Tabelle vernachlässigt) die Verringerung der Ausgaben des "Grünen Planes" für möglich halten. Interessant ist dabei, daß die Landarbeiter eine den Landwirten vergleichbare Reaktion zeigen, eine Aussage, die durch den geringen Anteil dieser Berufsgruppe (mit 2 % der Gesamtheit am Sample beteiligt) zwar abgeschwächt wird, der Tendenz nach aber bestehen bleibt:

	Möglichkeit der Landwirte [%]	Ausgabensenkung Landarbeiter [%]
Sozialausgaben	5	-
Kultur	1	-
Grüner Plan	-	-
Besatzungskosten	29	38
Verteidigung	26	29
Personalausgaben	20	15
Öffentliche Bauten	19	18
Straßenbau	-	-
	100	100

Von der Gesamtheit der Befragten sind 16 % der Meinung, daß der Staat die Ausgaben im Rahmen des Grünen Planes "am ehesten senken" könne.

Bei dieser Sachlage kann es kaum noch Verwunderung erwecken, wenn 58 % der Landwirte der Meinung sind, daß ihren Steuerleistungen kein voller Gegenwert entspricht.

Landwirte	Kein voller Steuergegenwert	Voller Steuergegenwert	Keine Angaben
	58 %	30 %	12 %

Zwar ist die Meinung, daß den Steuern kein individuelles Äquivalent gegenübersteht, bei 61 % der Befragten festzustellen - die Meinung der Landwirte weicht hier also geringfügig im positiven Sinne vom Durchschnitt ab -, jedoch kommt man zu einer anderen Beurteilung, wenn man das tatsächliche Verhältnis von Steuerbeitrag und Empfang von Staatsleistungen betrachtet, das folgende Größen aufweist (s. S. 79):

Steuerleistung der Landwirtschaft
(einschl. Lastenausgleichsabgaben)
im Wirtschaftsjahr 1956/57 [39]

	Mio DM
1. Betriebssteuern	
a) Grundsteuer	345
b) Umsatzsteuer	-
c) sonstige Steuern	9
	354
2. Einkommensteuer (einschl. Notopfer)	120
3. Vermögenssteuer	16
4. Lastenausgleichsabgaben	209
Steuerleistung insgesamt	699

Dieser Betrag entspricht einem Anteil am Gesamtsteueraufkommen von ca. 1,5 %.

Die finanziellen Leistungen der öffentlichen Hand betrugen demgegenüber im Rechnungsjahr 1957 insgesamt DM 3 095,9 Mrd., davon aus Bundeshaushaltsmitteln DM 2 453,6 Mrd. [40].

1. Bundeshaushaltsmittel	1957	davon Grüner Plan
a) Verbesserung der Agrarstruktur und der landwirtschaftlichen Arbeits- und Lebensverhältnisse	765,5	400,0
b) Senkung der Betriebsausgaben	619,5	286,0
c) Sicherung und Erhöhung der Verkaufserlöse	441,5	-
d) Qualitätsverbesserung; rationellere Gestaltung der Erzeugung und des Absatzes	536,9	511,0
e) Forschung, Ausbildung und Beratung	50,9	14,5

---

39. Der Grüne Plan 1958. 3. Grüner Bericht der Bundesregierung. Herausg. im Auftrage des Bundesministeriums für Ernährung, Landwirtschaft und Forsten, München-Bonn-Wien 1958, S. 246
40. Der Grüne Plan 1958, a.a.O., S. 247 f.

	1957	davon Grüner Plan
f) Milderung von Ernte-, Hochwasser- und Frostschäden	39,4	-
Bundeshaushaltsmittel insges.	2.453,6	1.211,5

2. <u>Weitere finanzielle Vergünstigungen für die Landwirtschaft</u>

	1957	davon Grüner Plan
a) Lastenausgleichsmittel und ERP-Mittel (Förderung der Vertriebenenwirtschaft)	301,3	-
b) Steuerausfälle (geschätzt)	341,0	-
Weitere finanzielle Vergünstigungen insgesamt	642,3	-
<u>Finanzielle Leistungen insgesamt</u> (Ziffer 1 u. 2)	3.095,9	1.211,5

Für die Frage des Gegenwertes ergibt sich aus diesen Größen für das Jahr 1957 folgendes Verhältnis: gegenüber den Steuerleistungen der Landwirtschaft betrugen die Ausgaben für die Landwirtschaft

        aus dem Grünen Plan   173 %

        aus dem Bundeshaushalt insge.   351 %

        aus öffentlichen Mitteln insgesamt   443 %

Das Echo, das die Maßnahmen der Finanzpolitik hier hervorgerufen haben, ist also nur gering; zu einer Änderung der Grundeinstellung haben sie jedenfalls nicht führen können.

FORSCHUNGSBERICHTE DES LANDES NORDRHEIN-WESTFALEN

Herausgegeben durch das Kultusministerium

WIRTSCHAFTSWISSENSCHAFTEN

HEFT 124
Prof. Dr. R. Seyffert, Köln
Wege und Kosten der Distribution der Hausratwaren im Lande Nordrhein-Westfalen
1955, 74 Seiten, 25 Tabellen, DM 9,—

HEFT 217
Rationalisierungskuratorium der Deutschen Wirtschaft (RKW), Frankfurt/Main
Typenvielzahl bei Haushaltgeräten und Möglichkeiten einer Beschränkung
1956, 328 Seiten, 2 Abb., 181 Tabellen, DM 49,50

HEFT 222
Dr. L. Kollner, Münster und Dipl.-Volkswirt M. Kaiser, Bochum
Die internationale Wettbewerbsfähigkeit der westdeutschen Wollindustrie
1956, 214 Seiten, 5 Abb., DM 39,50

HEFT 288
Dr. K. Brücker-Steinkuhl, Düsseldorf
Anwendung mathematisch-statischer Verfahren in der Industrie
1956, 103 Seiten, 27 Abb., 14 Tabellen, DM 24,20

HEFT 323
Prof. Dr. R. Seyffert, Köln
Wege und Kosten der Distribution der Textilien, Schuh- und Lederwaren
1956, 98 Seiten, 37 Tabellen, 1 Falttafel, DM 12,—

HEFT 353
Forschungsinstitut für Rationalisierung, Abt. Dokumentation, Aachen
Schlagwortregister zur Rationalisierung
1957, 376 Seiten, DM 56,—

HEFT 364
Prof. Dr. Th. Beste, Köln
Die Mehrkosten bei der Herstellung ungängiger Erzeugnisse im Vergleich zur Herstellung vereinheitlichter Erzeugnisse
1957, 352 Seiten, DM 50,—

HEFT 365
Prof. Dr. G. Ipsen, Dr. W. Christaller, Dr. W. Köttmann und Dr. R. Mackensen, Sozialforschungsstelle an der Universität Münster zu Dortmund
Standort und Wohnort
1957, Textband: 350 Seiten, 28 Karten, 73 Tab.
Anlageband: 15 Karten, 21 Tab., DM 99,—

HEFT 437
Dr. I. Meyer, Köln
Geldwertbewußtsein und Münzpolitik. — Das sogenannte Gresham'sche Gesetz im Lichte der ökonomischen Verhaltensforschung
1957, 80 Seiten, DM 20,30

HEFT 451
Prof. Dr. G. Schmölders, Köln
Rationalisierung und Steuersystem
1957, 78 Seiten, DM 17,15

HEFT 469
Dr. sc. agr. F. Riemann und Dipl.-Volksw. R. Hengstenberg, Göttingen
Zur Industrialisierung kleinbäuerlicher Räume
1957, 130 Seiten, 5 Karten, 23 Tabellen, DM 27,-

HEFT 477
Sozialforschungsstelle an der Universität Münster zu Dortmund
Beiträge zur Soziologie der Gemeinden. Teil I:
Dr. K. Utermann, Dortmund
Freizeitprobleme bei der männlichen Jugend einer Zechengemeinde
1957, 56 Seiten, DM 12,75

HEFT 563
Sozialforschungsstelle an der Universität Münster zu Dortmund
Beiträge zur Soziologie der Gemeinde im Ruhrgebiet. Teil II:
Dr. D. v. Oppen, Dortmund
Familien in ihrer Umwelt
1958, 104 Seiten, DM 26,10

HEFT 564
Sozialforschungsstelle an der Universität Münster zu Dortmund
Beiträge zur Soziologie der Gemeinde im Ruhrgebiet. Teil III:
Dr. H. Croon, Bochum
Das Gemeindewahlrecht im Rheinland und Westfalen im 19. Jahrhundert
in Vorbereitung

HEFT 565
Sozialforschungsstelle an der Universität Münster zu Dortmund
Beiträge zur Soziologie der Gemeinde im Ruhrgebiet Teil IV
Dr. K. Hahn
Die kommunale Neuordnung des Ruhrgebietes, dargestellt am Beispiel Dortmunds
für die Veröffentlichung bearbeitet von *Dr. R. Mackensen*
1958, 154 Seiten, 14 Karten, DM 42,80

HEFT 566
Dr. H. Klages, Dortmund
Der Nachbarschaftsgedanke und die nachbarliche Wirklichkeit in der Großstadt
1958, 256 Seiten, 26 Tabellen, 1 Faltkarte, DM 47,—

HEFT 572
Dipl.-Kfm. Dipl.-Volksw. Dr. J.-B. Felten, Köln
Wert und Bewertung ganzer Unternehmungen unter besonderer Berücksichtigung der Energiewirtschaft
1958, 144 Seiten, DM 33,60

HEFT 591
Dr. Schairer, Köln
Aufgabe, Struktur und Entwicklung der Stiftungen
1958, 50 Seiten, DM 16,40

HEFT 592
Verein zur Förderung des Forschungsinstituts für Rationalisierung an der Rhein.-Westf. Technischen Hochschule Aachen
Das Forschungsinstitut für Rationalisierung an der Rhein.-Westf. Technischen Hochschule Aachen
1959, 74 Seiten, 33 Abb., DM 20,—

HEFT 601
W. Barho und E. Stiller, Köln
Die Lage des Technisch-Wissenschaftlichen Nachwuchses und der Technisch-Wissenschaftlichen Hochschulen in der Bundesrepublik
1958, 32 Seiten, DM 8,80

HEFT 602
H. v. Stebut, Köln
Die Hochschulen in der Aufwärtsentwicklung Westdeutschlands
1958, 38 Seiten, DM 10,20

HEFT 604
Dipl.-Ing. H. Gröttrup, Aachen
Studienanalyse halbautomatischer Dokumentationsselektoren
1958, 112 Seiten, 50 Abb., 12 Tabellen, DM 28,50

HEFT 607
Dr. H. Schlachter, Münster
Die Wettbewerbslage der westdeutschen Juteindustrie
1958, 136 Seiten, 35 Tabellen, DM 32,—

HEFT 624
Finanzwissenschaftliches Forschungsinstitut an der Universität Köln
Progression und Regression
1958, 70 Seiten, 4 Abb., 3 Tabellen, DM 17,40

HEFT 636
Prof. Dr.-Ing. J. Mathieu und Dr. phil. S. Barlen, Aachen
Richtwerte für Zeitaufwand und Kosten von Dokumentationsarbeiten
1958, 54 Seiten, DM 16,20

HEFT 641
Prof. Dr.-Ing. J. Mathieu und Dr. phil. M. Gnielinski, Aachen
Die industrielle Produktivität in neuerer Sicht
1958, 132 Seiten, 16 Abb., 31 Tabellen, DM 31,70

HEFT 650
Dr. phil. nat. H. A. Elsner, Aachen
Aufbau einer fachlichen Fachdokumentation aus vorhandenen Referatdiensten
1958, 36 Seiten, 1 Abb., 2 Tabellen, DM 12,10

HEFT 658
Dipl.-Kfm. Dr. Grupe, Köln
Public Relations in der öffentlichen Energieversorgung
1958, 48 Seiten, DM 12,25

HEFT 677
Dr. sc. agr. F. Riemann, Dipl.-Volksw. R. Hengstenberg und Dipl.-Ldw. G. Bunge, Göttingen
Der ländliche Raum als Standort industrieller Fertigung
1959, 196 Seiten, und viele Tabellen, DM 46,40

HEFT 678
Dipl.-Volksw. Dr. O. Blume, Dipl.-Volksw. J. Heidermann und Dipl.-Hdl. Dr. E. Kuhlmeyer Köln
Wirtschaftsorganisatorische Wege zum gemeinsamen Eigentum und zur gemeinsamen Verantwortung der Arbeitnehmer I. und II. Teil
1959, 404 Seiten, DM 60,—

HEFT 715
Dr. E. Wedekind, Krefeld
Die Auftragsplanung und Arbeitsorganisation in gewerblichen Wäschereien
1959, 116 Seiten, 25 Abb., DM 29,50

HEFT 721
F. E. Nord, Köln
Der Stifterverband für die Deutsche Wissenschaft und die Begabtenförderung an den wissenschaftlichen Hochschulen
1959, 30 Seiten, DM 8,40

HEFT 729
Forschungsinstitut für Internationale Technische Zusammenarbeit (F.I.Z.) an der Rheinisch-Westfälischen Technischen Hochschule, Aachen
Wirtschaftliche, technische und soziale Probleme im neuen Indien. Vorträge zur Eröffnung der Deutsch-Indischen Ausstellung in Aachen am 14. November 1958
1959, 96 Seiten, 28 Abb., DM 24,70

HEFT 751
Prof. Dr. Dr. h. c. R. Seyffert, Köln
Wege und Kosten der Distribution von Konsumwaren des Pflege- und Heilbedarfs, Arbeits- und Betriebsmittelbedarfs, Bildungs- und Unterhaltungsbedarfs, Schmuck- und Zierbedarfs, Wohnbedarfs
1959, 102 Seiten, 29 Tabellen, DM 14,—

HEFT 758
Prof. A. P. Sanchez-Concha, Ph. D., LL. D., Aachen
Über den Begriff der industriellen Arbeit
1959, 16 Seiten, DM 5,40

HEFT 766
Dr.-Ing. Dr. W. Grosse, Bonn
Internationale Organisationen der Naturwissenschaft und Technik und ihre Zusammenarbeit. Teil I
1956, 20 Seiten, 6 Abb., 5 Tabellen, DM 6,50

HEFT 767
Dr.-Ing. W. Grosse, Bonn
Internationale Organisationen der Naturwissenschaft und Technik und ihre Zusammenarbeit. Teil II
in Vorbereitung

HEFT 769
Dr. Ph. Schmidt-Schlegel, Aachen
Deutsch-Bolivianische technische Zusammenarbeit.
Die Gutachten der 1956/57 nach Bolivien entsandten
deutschen Sachverständigen und ihre Auswertung
1959, 266 Seiten, 32 Abb., zahlr. Tab., DM 55,—

HEFT 776
Dr. O. Neuloh und Dr. H. Wiedemann
Arbeiter und technischer Fortschritt

HEFT 778
Dr. phil. M. Gnielinski, Aachen
Zur Einführung der Statistischen Qualitätskontrolle in
Mittel- und Kleinbetrieben, Vorschläge und Hilfsmittel
1959, 36 Seiten, DM 10,—

HEFT 793
Dipl.-Ing. Walter Rohmert, Dortmund
Statische Belastung bei gewerblicher Arbeit
Teil II
Dr. med. Dr. phil. Gerd Jansen, Dortmund
Grundsätzliche Bemerkungen über die experimentelle
Lärmforschung

HEFT 795
Rüdiger von Tresckow, Aachen
Versuch einer Darstellung des Strukturwandels und des
Konjunkturverlaufs in der Weltmaschinenausfuhr in die
Entwicklungsländer
1959, 68 Seiten, 20 Abb., mehr. Tab., DM 17,60

HEFT 805
H. Seligo, Aachen
Der Zweite Portugiesische Sechsjahresplan
1959, 150 Seiten, 20 Tab., DM 37,80

HEFT 813
Dipl.-Landwirt C. T. Hinrichs, Aachen
Landwirtschaft und Tierzucht in Bolivien
1959, 104 Seiten, 13 Abb., DM 26,70

HEFT 819
Dipl.-Volkswirt Dr. H. H. Kaup, Münster
Einkommen und Textilverbrauch

HEFT 827
Dr.-Ing. E. Sattler, Verband Deutscher Streichgarnspinner, Düsseldorf
Disposition mit Arbeitsvorbereitung und Vertriebsvorbereitung in der einstufigen (Verkaufs-) Streichgarnspinnerei

HEFT 828
C. Brzeskiewicz, Verband der Deutschen Tuch- und Kleiderstoffindustrie e. V., Köln, im Verein mit dem Ausschuß für wirtschaftliche Fertigung e. V., Düsseldorf
Disposition mit Arbeitsvorbereitung und Vertriebsvorbereitung in der Tuch- und Kleiderstoffindustrie

HEFT 838
Dipl.-Landw. C. Th. Hinrichs, Aachen
Die Landwirtschaft und Viehzucht in Tunesien

Ein Gesamtverzeichnis der Forschungsberichte, die folgende Gebiete umfassen, kann bei Bedarf vom Verlag angefordert werden:
Acetylen / Schweißtechnik – Arbeitspsychologie und -wissenschaft – Bau / Steine / Erden – Bergbau – Biologie – Chemie – Eisenverarbeitende Industrie – Elektrotechnik / Optik – Fahrzeugbau – Gasmotoren – Farbe / Papier / Photographie – Fertigung – Gaswirtschaft – Hüttenwesen / Werkstoffkunde – Luftfahrt / Flugwissenschaften – Maschinenbau – Medizin / Pharmakologie / Physiologie – NE-Metalle – Physik – Schall / Ultraschall – Schiffahrt – Textiltechnik / Faserforschung / Wäschereiforschung – Turbinen – Verkehr – Wirtschaftswissenschaften.

If you have any concerns about our products,
you can contact us on
ProductSafety@springernature.com

In case Publisher is established outside the EU,
the EU authorized representative is:
**Springer Nature Customer Service Center GmbH
Europaplatz 3, 69115 Heidelberg, Germany**

Printed by Libri Plureos GmbH
in Hamburg, Germany